中国名宅名院

上

贤人名士宅邸

刘晔 王志 主编

中国林业出版社

图书在版编目（ＣＩＰ）数据

中国名宅名院．上／刘晔，王志　主编．— 北京 ：中国林业出版社，2015.4

ISBN 978-7-5038-7852-7

Ⅰ．①中…　Ⅱ．①王…　②刘…　Ⅲ．①住宅－建筑设计－中国　Ⅳ．① TU241

中国版本图书馆 CIP 数据核字（2015）第 030148 号

中国林业出版社·建筑与家居出版分社

责任编辑：李　顺　唐　杨

出版咨询：（010）83143569

出　版：中国林业出版社（100009 北京西城区德内大街刘海胡同 7 号）

网　站：http://lycb.forestry.gov.cn

印　刷：利丰雅高印刷（深圳）有限公司

发　行：中国林业出版社

电　话：（010）83143500

版　次：2015 年 4 月第 1 版

印　次：2015 年 4 月第 1 次

开　本：889mm×1194mm　1／16

印　张：18

字　数：200 千字

定　价：298.00 元（上下册 596.00 元）

前言

　　中国各地的宅邸建筑，由于中国各地区的自然环境和人文情况不同，各地宅邸建筑也显现出多样化的面貌。中国古代宅邸是我国传统建筑中的一个重要类型，是我国古代建筑中民间建筑体系中的重要组成内容。中国古代宅邸建筑独特的艺术风格，使它成为中国文化遗产中的一颗明珠。这一系列现存的技术高超、艺术精湛、风格独特的建筑，在世界建筑史上自成系统，独树一帜，是中国古代灿烂文化的重要组成部分。它们像一部部石刻的史书，同时也是一种可供人观赏的艺术，给人以美的享受。中国古代宅邸建筑的建筑艺术也是美术鉴赏的重要对象。

　　而在目前这个商业氛围极其浓烈的现代社会，我国的古代宅邸建筑文化遗产逐渐减少，为了能保留这些现存的中国古代宅邸建筑，本书编者历经数月，于安徽、江苏、浙江地带，拍摄并收集了二十多个建筑艺术精湛的中国古代名宅名院，现集结成册。

　　《中国名宅名院》分上下两册，分别为"贤人名士宅邸"和"官绅商贾宅邸"，并配以大量精美的实景图，图文并茂，编排风格古色古香，为爱好中国古代宅邸建筑人士提供一场视觉上的饕餮盛宴。《中国名宅名院》以中国古代宅邸的建筑文化和建筑历史为着眼点，分别从中国名宅名院的历史沿革、建筑类型、文化内涵以及建筑工艺、技巧出发，重点阐述各名宅名院的建筑由来、历史变迁、规划理念、建筑布局、建筑风格、主体建筑设计、建筑细部设计、建筑装饰艺术以及园林景观等，将建于中国古代不同历史时期的中国名宅名院进行一一解构，恰似一本全景式展现中国建筑文化宏图的建筑专业读物。

本书编委会

主　编：刘　晔　王　志

副主编：杨仁钰　尹立娟　卢　良　王　亮　郭　超　刘　嘉

编　委：廖　炜　刘　冰　郭　金　孔　强　文　侠　苏秋艳
　　　　孙小勇　周艳晶　黄　希　欧纯云　郑兰萍　林仪平
　　　　杜明珠　陈美金　韩　君　李伟华　欧建国　张雪华
　　　　吴慧婷　许福生　溫郎春　朱国江

支持单位：北京筑邦园林景观工程有限公司
　　　　　中央美术学院建筑学院
　　　　　深圳市原朴建筑景观规划设计工程有限公司

特邀专家顾问：胡　勇　郭成源　苏　勇　李克俊　崔建明

策　划：佳图文化

古建遗产亟待保护

——写于《中国名宅名院》付印之际

近日，出版社朋友送来《中国名宅名院》请我写序，实不敢当。

细翻两本图册内容，赏心悦目，非常漂亮，基本收录了历来我国著作的宅第及院落，其中也不乏为大家熟知的名人园林。毕竟，我国多数园林作品皆为当时名人贵族为自己所建私宅之花园，只是风格、大小有所区别而已。

《中国名宅名院》是非常不错的参考图集，为我们欣赏古代名人宅第提供了很好的机会，不行万里，便可读万卷书。

其实，近来社会日益关注的古建筑保护就包含这类名人名宅，我认为这套画册的出版，也将提高民众保护的古建意识。

古建筑的保护一直是文物保护工作中的一项重要工作。建筑是凝固的艺术，承载着丰富的历史信息，通过对古建的研究可以使我们对各个历史时期的社会、文化、艺术、政治等各方面历史问题等都详尽的研究和了解，古建保护是我们对古建筑进行研究的重中之重。

在文物保护尤其是古建筑的保护方面有多种言论。在现阶段经济占主导地位，古建筑更加命运多舛。对于身处古建的人民群众来说，理念形成的正确与否将势必影响古建保护工作的方向，只有民众清楚古建的重要性，并配合政府对于保护古建的经济支持，我们的保护工作才能行之有效。在对古建保护和研究工作中我们还面临许多挑战和需要解决的问题。许多传统的工艺不断失传，尤其像许多濒临灭绝的"行业"。例如俗称"八大作"（木、瓦、扎、石、土、油漆、彩画、糊）的各作之中还有细分工，有些就濒临失传只有其名。而这些传统的工艺和技法在文物保护尤其是古建筑的保护修缮工作中又非常重要。怎么样把这些技能"行业"通过现代的科学技术手段进行抢救传承，并为文物保护，古建筑保护有效地服务，也是文物保护古建筑保护工作中的一个需要解决的问题。

同时，对传统材料的抢救，不仅仅要做到抢救珍稀材料，重要的是抢救其加工、保管和使用技术文献资料的收集、整理和理论研究。工程技术人员的培养和素质的不断提高，对于文物古建保护也是尤为重要。

无论如何，本套图集也是古建保护的重要资料，我希望能有更多的有识之士参与到传统建筑及文化的保护中来。

中央美术学院　苏　勇

目录

杭州于谦故居　116

南京甘家大院　124

苏州俞樾旧居　150

苏州渔庄（余觉故居）　170

中国传统民居概况（上）

　　《汉书·货殖列传》有云："各安其居而乐其业，甘其食而美而服"。"居"自古以来是中国人的头等大事。安身立命，成家立业，家族繁衍皆以"居"为依托。《中国大百科全书》中将"民居"定义为："中国在先秦时代，'帝居'或'民居'都成为'宫室'；从秦汉开始，'宫室'才专指帝王居所，而'帝宅'专指贵族的住宅。近代则将宫殿、官署以外的居住建筑称为'民居'。"然而，不少传统民居随着历史变迁而消亡。而贤人名士故居、官绅商贾宅第则因为其特殊性得以流传于世。这些多见于明清两代的"名宅"也逐渐成为现代人观赏与研究的传统民居典范。

一、中国传统民居变迁简史

1. 旧石器时代（2、3百万年前～1万年前）

　　人类成群地居住在"构木为巢"或天然洞穴里。巢居与穴居并非因地域而截然分开。《礼记》上所载："昔者先王未有宫室，冬则居营窟，夏则居橧巢"；"橧——聚薪材，而居其上"。大体是寒冷干燥地带适于穴居；温热潮湿地带宜巢居，适中地带则随气候条件而采取穴居或巢居。而巢居在后世发展为干栏式建筑。

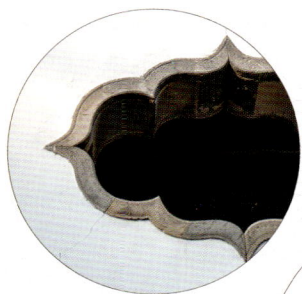

2. 新石器时代（距今约 1 万年前后）

　　人类为了方便出入，深入地下的穴居逐渐改向上升至地表，而高处的巢居则降低至接近地面。前者形成半地下的木骨泥墙建筑，后者形成干栏式房屋。

　　干栏是历史极为久远的一种建筑类型，它是由原始人类的巢居逐步演变而成的。"干栏"一词最早见于《魏书》："依树积木，以居其上名曰干栏"。《旧唐书》："山有毒草及风蝮蛇，人并楼居，登梯而上，号为干栏"。干栏是一种把居住层地板用支柱架离地面的建筑，以避虫蛇猛兽，并有利于防潮及通风，适用于温暖潮湿的地域。

　　干栏在中国古时候的长江以南地区曾广泛采用，后来逐渐减少，现在只存在于西南少数民族地区。如今仍以干栏为主要住房的，有傣族的竹楼、壮族的麻栏、侗族的木干栏、黎族的船形屋、水族的木楼等。其中傣族的竹楼是以竹为主要建筑材料，每家有篱笆围成的小院，种有芭蕉等热带植物，极富生趣。壮族的麻栏吸收了较多的汉族建筑手法，木材用量增加。侗族的木干栏建造工艺较高，尤其是村寨中的鼓楼及风

雨桥，显示出惊人的木工技巧。

各族的民居虽同属干栏式，但仍各有千秋，而且互有影响，具有各自的民族特色。

3. 夏代、商代（约公元前 21 世纪～约公园前 11 世纪）

已开始出现版筑土墙，民居多以土、木材建造房子。

4. 西周及春秋战国（约公元前 11 世纪～公元前 221 年）

已出现最早的四合院建筑形式；木结构成为主要结构形式，建筑出现等级形制。

5. 秦、汉及三国时代（公元前 221 年～公元 236 年）

此为民居风水之说形成的阶段；汉代楼居风气颇盛。

直到汉代，地面上的民居遗存仍是空白。由于木构建筑不耐久，地面上的汉代民居现已无迹可寻。文献记载虽极丰富，但形象资料仍要靠考古发掘，墓葬中的画像砖、画像石、明器陶屋以及壁画等，可以作为汉代民居形象的参考。另外，地面上留存的汉代石阙、石祠（孝堂山、武氏祠）等，可供了解汉代建筑的结构。

此外，近年从全国各地的汉墓葬中出土了极多的陶屋，平面有曲尺形、四合院、三合院、日字形等。结构有抬梁式、穿斗式、干栏式等，从中可见汉代民居的大致形象。

6. 魏晋南北朝（公元 237 年～公元 589 年）

住宅有厅堂及庭院回廊；贵族住宅后部多建园林。

7. 隋、唐、五代十国（公元 589 年～公元 960 年）

民居建在里坊的四面高墙内，墙外是大街。同时出现了不少三合院及四合院式的民居。

隋唐五代的民居，文献方面的记载已很完备，形象资料则有展子虔的《游春图》、敦煌石窟中壁画上的住宅形象，以及五代的名画《韩熙载夜宴图》等。展子虔的《游春图》中有两座四合院住宅，取院落的形式，布局依地形环境而建。

此外，唐代对品官及庶民的仁房均有特定制度，对房屋间数、架数、屋顶形式、色彩、装饰等都加以规定。唐朝造园之风盛行，著名文人如王维、李德裕、白居易等均建有私家园林。五代时期开始有垂足坐家具的出现。

8. 两宋（公元 960 年～公元 1279 年）

从张择端的《清明上河图》□，可见宋代的农民住宅比较简陋，有些是由茅屋及瓦屋结合而成的一组房屋，墙身较矮。而随着宋代的手工业发达，随着技术的提高，民居昀形式也逐渐多样化。如工字形平面、繁缛的屋顶组合、十字歇山顶等；细部装修如窗棂的变化亦很大；房屋的净空增加。而宋代的私家造园之风更盛，垂足坐家具到宋代已趋于普及。

9. 元、明代（公元 1279 年～公元 1644 年）

砖结构的民间住宅比例提高，由于各地区建筑的发展，使区域特色开始明显，同时建筑开始程式化。至今仍有不少这时期的民居留存至今，如安徽民居。

元代都城——大都中的民居，仍保留汉族文化的传统，如近年出土的元大都后英

房住宅遗址，仍属院落式布局。明代的烧砖技术大为提高，反映在民居中，就是院墙大量用砖来建造，并出现了完全用砖砌拱券而成的无梁殿。

明代对各阶层人民的住宅制度规定更为严格，除对品官规定了按品级许用房屋几间几架外，对屋脊、门环、油漆颜色等另有规定，对庶民则规定不过三间五架，不许用斗拱，饰色彩，不许造九五间数。明代住宅遗存至今的数量较多，近年在安徽、浙江、江苏、江西、山西、广东、福建等省均有所发现。

明代家具达到很高水平，如今已驰名全球。明初，明太祖朱元璋下令，不准在宅前后左右多留隙地建亭馆及开池塘，所以明朝早期造园之风曾没落一时。但到明朝晚期，江南一带富庶之地，私家园林极度发展，明人计成所著《园冶》一书，正是此风之写照。

清代民居至今遗存甚多，有多种类型。由于居住建筑是延续使用并不断发展，而且各地区及民族之间的居住方式又是互相交流，互相影响，所以类型的划分是个复杂的问题，现在仅以结构特点，大体划分为如下几种类型：窑洞式、干栏式、庭院式、碉房式、移动式、井干式等。

10. 清代（公元 1644 年 ~ 公元 1911 年）

夯土、琉璃、木工、砖券等技术在清代有很大的发展。但民间住宅在形式上没有很大的突破，在装饰技艺则趋向纤巧精湛。此外，在西风东渐的社会环境下，如无锡钦使第等官绅故居积极吸收了西方文化中的建筑风格以及适于社会交往的园林式开放格局，填补了我国近代建筑史上的空白。

二、中国传统民居分类

中国民居分布在全国各地，由于民族的历史传统、生活习俗、人文条件、审美观念的不同，也由于各地的自然条件和地理环境不同，因而，民居的平面布局、结构方法、造型和细部特征也就不同，呈现出淳朴自然而又有着各自的特色。因而可以将中国传

统民居分为以下六大派系：苏派、皖派、京派、闽派、川派、晋派。

1. 苏派

苏派民居是指江浙一带建筑风格，是南北方建筑风格的集大成者，园林式布局是其显著特征之一。苏派民居以南向为主，这样可以冬季背风朝阳，夏季迎风纳凉，充满了江南水乡古老文化的韵味。脊角高翘的屋顶，加上走马楼、砖雕门楼、明瓦窗、过街楼等。粉墙黛瓦，鳞次栉比、轻巧简洁、古朴典雅，体现出清、淡、雅、素的艺术特色。中国传统园林布局追求曲折之致的理论。园林式布局讲究结构，布置曲折幽深，直露中要有迂回，舒缓处要有起伏。园林布局同时也讲求一个"藏"字。这与开放式的欧洲园林截然不同。此外，中国传统园林布局讲求借景。而中国传统园林中分布的古代建筑为：厅、堂、斋、馆、楼、台、亭、榭、门户、游廊、天井和巷道。

苏派民居中的各种墙式的混合相连使用，形成小巷和水巷驳岸上那种高低起伏、错落有致的外墙景观；建筑造型轻巧简洁、虚实有致、色彩淡雅，层次丰富、临河贴

水，空间轮柔和富有美感，即常言所说："翻墙黛瓦""小桥流水人家"的审美价值。

2. 皖派

皖派建筑即皖南建筑是六大建筑派系里最为突出的建筑风格之一，是中国南方民居的代表。最为人熟悉其中徽派即为皖派的一支，徽派民居以黟县西递、宏村最具代表性，2000年被列入"世界遗产名录"。徽派民居建筑风格有"三绝"（民居、祠堂、牌坊）和"三雕"（木雕、石雕、砖雕）。徽派建筑显而易见是流行于安徽附近的一种古建筑风格。青瓦、白墙是徽派建筑的突出印象。错落有致的马头墙不仅有造型之美，更重要的是它有防火，阻断火灾蔓延的实用功能。

徽派民居的特点之一是高墙深院，一方面是防御盗贼，另一方面是饱受颠沛流离之苦的迁徙家族获得心理安全的需要。徽派民居的另一特点是以高深的天井为中心形成的内向合院，四周高墙围护，外面几乎看不到瓦，唯以狭长的天井采光、通风与外界沟通。这种以天井为中心、高墙封闭的基本形制是人们关心的焦点。雨天落下的雨

水从四面屋顶流入天井，俗称"四水归堂"，也形象地反映了徽商"肥水不流外田"的心态，这与晋派民居有异曲同工之妙。

3. 京派

中国北方院落民居以京派建筑最为典型，而京派建筑里以四合院最为典型。四合院是北京地区乃至华北地区的传统住宅。北京四合院所以有名，还因为它虽为民居建筑，却蕴含着深刻的文化内涵，是中华传统文化的载体。

4. 闽派

闽，即福建，闽派民居即流行于闽南地区的一种建筑风格，其中"土楼"是其最为鲜明的代表。福建土楼，遍布全省大部分地区，尤以福建西南部的漳州、龙岩地区为众，其中位处西部的永定县和南部的南靖、平和、华安等县最为集中，是一种供聚族而居、且具有防御性能的民居建筑。它源于古代中原生土版筑建筑工艺技术，宋元时期即已出现，明清时期趋于鼎盛，延续至今。

5. 川派

　　川派民居是流行于四川、云南、贵州等地的一种建筑风格，为当地少数民族特有的建筑风格。其中以川西民居里的吊脚楼最为典型。它以木桩或石为支撑，上架以楼板，四壁或用木板，或用竹排涂灰泥。屋顶铺瓦或茅草。此外，川派民居中的傣族竹楼和侗族鼓楼亦具有鲜明的代表性。

6. 晋派

　　晋派只是一个泛称，不仅指山西一带还包括陕西、甘肃、宁夏及青海部分地区，只是在这些地区当中山西一带的建筑风格较为成熟。晋派建筑大体分为两类：一类是山西的城市建筑，这是狭义上的晋派建筑；另一类是陕北及周边地区的窑洞建筑，这也是西北地区分布最广的一种民居建筑风格。

三、中国传统民居的风水布局

　　在中国，自古就有"天人合一"的观念。中国古代哲学思想的本源性概念也体现

在"天人合一"上。中国古人的这种观念根深蒂固，在民居的规划布局上则是体现为建筑与自然环境的协调、融合与共生。"天人合一"的意识形态认为天、地、人之间是一个循环与息息相关的整体系统，表达了人类活动与自然环境之间互相平衡、协调发展的崇高理想。民居作为人的庇护场所，从出现的那一天就是自然的对立面，但其同时又需要以共生的目的不断地与建筑进行交流和融合。古人早就意识到这一点，因此在民居的规划选址、建筑设计乃至景观效果上，全方位考虑人类活动与自然的关系，使建筑结合自然山水和气候地形特征，与场地融为一体，并且形成了特有地形地貌相融的最佳建筑形式，并且流传至今，为后人留下了建筑设计经典案例。

中国古代的建筑风水之说，实为阐述建筑与气候、地域、人事相互协调的哲理。其内在概念核心是分析地质、水文、日照、风向、气候、气象、景观等一系列自然地理环境因素，并进行评价和选择，指导人们针对相应的自然情况采取相应的规划设计和建筑设计措施，营造出适合人们栖居又顺应自然的居所。中国古代风水学理论在建筑选址方面推崇的是"相形取胜"的原理。在民居的规划布局上，优先选择地形地势等自然景观相对处于优势的地理位置。对于整体聚落以及单体建筑的最佳布局是"背山、面水、向阳"。背山可以抵御冬天北来之寒流；面水可以迎接夏天南来之凉风；向阳可以取得良好的日照。这些内容都与现代被动式建筑的要求不谋而合的，由此可以看出，因地制宜在建筑中的必要性，以及古代先贤具有发展性的眼光和建筑智慧。

四、中国传统民居的人文精神

传统民居的人文精神中，充分表现了崇尚自然，引入自然的生态精神；把自然看作是人化的自然，把人看作是自然的人化，孔子所说："生生之谓易"，即强调生活是宇宙，宇宙就是生活，领略了大自然的妙处，也就领略了生命的意义。民居在选址中常在青山翠绿，秀水秀流的境地中筑路通桥，相地建宅。唐代孟浩然在《过故人居》中写道："绿树村边合，青山郭外斜"，更有陶潜的"方宅十余亩，茅屋八九间，榆柳荫后檐，桃李罗前堂"。

院落是居住的生活中心，中国民居将内院看作是人与天地，人与自然协同共生的最佳场所，并在院落内引入大自然的风光。大户人家高墙深院，叠石理水，植树栽花，曲径通幽地把院落扩大为私家园林，而小户人家即使面积很小也要种植几株翠竹和几棵芭蕉或以满架苍藤，充分表现出人与自然的交融。

明代归有光《项脊轩志》中有一段动人的文字描述其家居庭园环境："……余稍为修葺，使不上漏。前辟四窗。坦墙周庭，以当南日，日影反照，室始洞然。又杂植兰竹木于庭，旧时栏楯亦遂增胜。借书满架，偃仰啸歌，冥然兀坐，万籁有声，而庭阶寂寂。小岛时来啄食，人至不去。三五之夜，明月半墙，桂景斑驳，风移影动，珊珊可爱……"廖廖数语勾划出了一幅庭园内家居生活恬静而又生动的情景。这里涉及了庭园的绿化、风、光、温、色和声等生态因素与建筑的关系，是一幅庭园生态与生活和大自然交融的典型写照。

与此同时，中国民居还在室内运用各种盆栽、盆景、瓶插、山石巧妙地将人工与自然融合在适度的范围内，使它们来于自然、高于自然，将大自然的风景加以提炼，在小中见大，假中有真，近有透远，达到了"多方胜景，咫尺山"的自然感受。精心布置的盆景、盆栽展现了中国民居以绿色陈设为主的室内自然景观。

五、中国传统民居的保护与开发

建筑文化不是封闭的，而是继承、创造、延续的产物，就传统民居的可持续性发展而言，在新的历史条件下，只有不断地从这些宝贵的现实遗产中，不断发掘它对当今文化有利的一面，并且将中国传统文化中的精华部分适当第运用到现代设计中。在继承优秀建筑文化传统的同时，必须了解和研究传统民居建筑的内涵。只有这样，才能在当今社会快速发展中，使历史的文脉得以延续。

传统民居强调秩序性、对称性的美学观点。一进民居以天井院落为中心，以轴线为对称，依次延伸出厨房、过廊、前厅。堂屋为实体中心，院落为虚体中心，一实一虚，空间层次鲜明，秩序性极强。这种既定的空间尺度，使生活在其中的人们遵循某种交

往尺度，安定有有序的生活。传统民居强调理性秩序的布局方法，追求一种"礼制"思想。这种形式的美与日门日常生活的情感结合起来，融入了强烈的伦理道德观念与社会情感。这种有形或无形的审美价值正是传统民居需要保护的地方。

而对于传统民居的开发，一般采用旅游开发模式，但不能生搬硬套。要突破民居个案研究的局限，对其进行系统的理论研究，根据不同地区民居的特点形成不同开发模式。各地民居特色各异，不可能仅用一种模式就能指导所有民居的开发，必须结合现有民居开发成果和当地旅游开发综合条件，根据当地民居特色分阶段、分地域进行具体研究，总结出不同的民居开发模式。比如安徽宏村根据"风水规划"将村落的水文肌理按着"牛形"进行建设，此规划不但科学的让人信服，效果也着实显著。在已逝去的文化中寻找记忆的城，这样的规划只有继续发扬下去，才能真正意义上做到回归。

贤人名士宅邸

常熟赵用贤故居

江南著名藏书楼之一

名宅地点：江苏省常熟市区西泾岸片区南赵弄10号
始建年代：明代嘉靖时期
建筑形式：形制大体为明代品官中低级宅第
占地面积：约1400 m²

名宅概况

赵用贤故居是明代赵用贤及其子孙居住的宅第。位于江苏省常熟市区西泾岸片区南赵弄10号。始建于明代嘉靖时期。坐北朝南，原有轴线三组，左右二组已毁，今存为主轴。与钱谦益的绛云楼、毛晋的汲古阁齐名，为中国古代藏书史上具有极高地位的江南著名藏书楼之一。2006年被列为全国重点文物保护单位。

名宅选址与历史变迁

赵用贤故居原在常熟虞山镇程家巷（即望仙桥畔），当时赵用贤在此筑有"松石斋"的藏书楼。明嘉靖年间，常熟知县为抗击倭寇侵扰，将城址西迁，赵氏随之移居城内西南九万圩百叶街，就此置地建宅，百叶街也因此改名南赵弄。宅院东起西泾岸，西至金李庵桥北堍。宅内大厅东侧有赵琦美取名"脉望馆"的藏书楼，后因书楼所藏之书声名远扬，人们惯以"脉望馆"统称赵氏故居。

1995年，赵用贤故居被江苏省政府列为省级文保单位。后为配合老城区保护改造，宅内居民全部迁出，由常熟市文物管理部门对该宅子进行全面修缮保护，并在2006年被列为第六批全国重点文物保护单位。修缮后的赵用贤故居作为古琴艺术馆对社会公众开放。

　　赵用贤故居原址，东起西泾岸，西抵金李庵桥北堍。原分轴线三组，今存主轴线一组。建筑年代当在明万历前期，形制大体为品官中低级宅第，是常熟现存最完整的明代民居。

　　第一进，门屋三间，原悬"探花第"匾额，该匾今废。门屋以山柱分心，分隔前后，后部增置檐廊，檐下施五踩单翘单昂斗拱；梁、柱、檩交接点全用大斗架替木，额枋上绘有彩画。

　　第二进大厅曾名"保闲堂"，匾额早废。面阔 3 间 10.4 m，进深 10 檩 10.73 m，梁上雕刻云鹤、荷叶等精美图案，梁坊、斗拱上俱施彩绘。大厅东侧藏书馆，名"脉望馆"，为 3 间小书房。厅前后置船篷轩，前部添檐廊一步，前檐较低，仅高 2.7 m；明间前，增有抹角廊柱二，下置木櫍础，前轩上部作草架，用复水椽遮盖成天花。厅内梁架皆作月梁状，并施有木雕，如镌有团鹤纹饰的三伏云、荷叶形的墩木、透雕的花机等装饰；梁枋斗拱均施彩绘，结合沥粉雕塑。山墙内壁下部，有砖刻卷草纹须弥座。其余装修已废。

　　第三进，入垂花门楼为内院。后堂三间，左右附套间各一，系穿斗造，进深七架 9.21 m；柱头科为天花遮蔽，无法得见，每柱施覆盆木櫍东西两厢，各三间，用料纤细而不显简陋，尤以圆木稍加砍制，作成月梁，更见质朴自然。当是明代木构建筑之例证。

建筑布局

　　赵用贤故居现存建筑为轴线房屋一组，总面积约 400 余平方米。门屋 3 间，前檐斗拱出挑，阑额施有彩绘；大厅四橼栿及平梁皆作月梁，三幅云、荷叶礅、梁垫、翼形拱等浮雕装饰，图案多变，线条饱满。后堂用木，明间有柱，梁架施彩绘。东厢房的三开间书厅即为著名的赵氏藏书室——脉望馆；馆内置落地长窗，前设天井，小而精巧，院中有明代湖石。

　　在主轴线的东侧，靠大厅，有书厅三间，为脉望馆。原明代建筑早废，后于清代中叶重建，面阔三间，通面阔 7.2 m，通进深 6.95 m、檐柱高 3.75 m，抬梁式结构，明间为 2.9 m，两次间各 2.15 m。内金柱之间距为 3.4 m，作卷棚形，靠南前加一步架廊 1.2 m，靠北施船篷轩，用月梁形，进深 2.35 m。因知此屋为前后露明者，宽敞明亮。今靠南格扇俱全，惟"脉望馆"匾额于 1966 年后被毁，庭中原有湖石山子一座，及小池一泓，今已湮废。

赵用贤故居厅前有小天井，遗存湖石山子等物。现今其旧址已修缮一新，基本恢复了原有厅堂楼阁的建筑格局和匾额楹联等风物景观。在此新落成的虞山古琴艺术馆，首先映入眼帘的是镌有常熟古城图的石刻，上有七条横向排列、穿城而过的河流，形似古琴七弦，印证了常熟作为古琴发祥地的渊源。

建筑结构

正厅"保闲堂"，面阔三间进深九架，硬山屋顶。前檐有廊，厅内前后均设置轩，明间梁架为抬梁式，山面为穿斗式，后堂则全是穿斗式梁架。

建筑细部

　　宅内大木构架、梁枋彩画、雕花柱础、雕花踢脚砖和丁字斗拱等均为明代原物，具有较高的建筑艺术价值。

赵用贤故居第二进大厅梁上雕刻云鹤、荷叶等精美图案，梁坊、斗拱上俱施彩绘。厅内梁架施有木雕，如镌有团鹤纹饰的三伏云、荷叶形的墩木、透雕的花机等装饰；梁枋斗拱均施彩绘，结合沥粉雕塑。山墙内壁下部，有砖刻卷草纹须弥座。

赵用贤故居彩绘是江苏明代无地仗层彩绘的重要遗物。为对其进行保护，采用 XRD、FT-IR、EDS 及视频显微镜等检测分析彩绘成分和结构层次，较为成功地解决了旧木材内油溶性成分极易因溶剂作用带出，部分彩绘上人为涂饰石灰、涂料的去除等技术难点。同时采用接近原胶粘剂性能的复合天然材料（脱色明胶和壳聚糖复配物）加固彩绘，并以溶剂型有机硅材料封护保护。

徐州崔家大院

徐州仅存的砖木结构厅堂建筑

名宅地点：江苏省徐州市户部山西坡
上院始建年代：公元1746年
下院始建年代：公元1829年
建筑形式：深宅大院
总占地面积：20亩（约13 333.3 m²）

名宅概况

崔家大院位于徐州市区户部山西坡，是崔氏家族在徐州的聚居地，因正门楼前矗立两个高大的旗杆，上面悬挂大大的"崔"字旗幡，民间又称崔旗杆。

历史变迁

崔家大院始建于清乾隆年间，历经嘉庆、道光年间扩建，有三个相对独立的大院即下院、上院和客屋院，总占地近20亩，有房屋320多间，几乎覆盖了整个户部山西半坡。

下院西临彭城路，为崔岫乾隆十一年（1746年）任宿州训导前后兴建，院落依山坡顺势分布，院门南向，是崔家大院的主院。

上院在下院东侧地势高爽处，为翰林崔焘道光九年（1829年）中进士后兴建，院落呈南北向分布，院门亦南向。

客屋院位于下院和上院的北侧，大门西向，院落依山顺势分布。

现存下院和上院的南半部，东西长115 m，南北最宽处51 m，占地5 200余平方米，建筑面积3 100余平方米。

古宅选址

　　户部山位于徐州南门外，原名南山，因西楚霸王项羽曾在此操练兵马又称为戏马台。明天启四年（1624年）黄河暴涨，徐州户部分司署主事张璇在堤溃的前一天告示全城，并将办公机构迁至戏马台聚奎堂，"因筑垣修宇，遂为署焉"，后渐名户部山。从那以后，户部山成为富商大贾建房造屋之地，故有"穷北关，富南关，有钱人住在户部山"的民谣。崔家大院西临彭城路，为古城徐州的城市中轴线，不但地理位置优越，且负阴抱阳，是理想的阳宅之地。另外，户部山西坡山前有一条清澈的河流，河上南北各架一座石桥，在此建房正符合背山面水的阳宅选址要求。

崔家大院全盛时期占地1万多平方米。这一地块东西狭长，南北较短，东西坡度35度，落差7.1 m，建筑布局十分局促，但古代工匠精心布置，创造出了比平地更为出色的院落格局。崔家大院整个地块由低至高分为五个层次，每个层次分前后布置四合院，其间以影壁、天井、腰廊、垂花门、月亮门、随墙门等贯穿连接，形成轴线交错、严谨多变的院落格局。因此，整个大院虽然房屋众多，院落重重，但轴线清晰，严谨有序。

崔家大院房屋功能齐全。下院集居住家塾、家庙祠堂于一体；上院是崔氏专设的学堂；客屋院是崔氏为迎接圣旨专门兴建的礼仪性建筑。下院分为正门楼（功名楼）、翰林楼院、佛堂院、祠堂院、墨缘阁院、墨缘阁东跨院、月亮门院、内客厅院等。

建筑理念

户部山为寸土寸金之地，为增加土地利用效率，对建筑的处理往往依山就势，自由灵活。如上院一进小前院的堂屋（一层）和西花厅院的鸳鸯楼（二层）东西并列，为一条屋脊，处理手法十分巧妙。为巧借山势，减少工程量，在落差较大的地方，工匠们创造了一种独特的楼房鸳鸯楼，这种楼的一层和二层处在前后两个不同的四合院，房门朝向相反，因此，鸳鸯楼的一层为西花厅院的堂屋，二层为二进西跨院的南屋，它巧妙地解决了地势落差较大造成的不利因素，一楼而隔成前后两个四合院，可谓独具匠心。

由于受气候的影响，我国北方古民居多以四合院为主，墙体厚重，门窗严实，私密性强；南方民居以厅堂为主，建筑轻盈，以木板代墙，与外界较开放。崔家大院两者兼而有之，用于居住的内宅如下院的翰林楼、月亮门院的东七间。上院的一进小前院堂屋、二进东跨院堂屋等门窗严实，冬暖夏凉，适于人居。用于接待客人的客厅如上院的西花厅、下院的墨缘阁皆为厅堂结构，阶前安装落地长窗，开放自由。上院的西花厅面阔三间 10.1 m，进深七檩 7.2 m，檐高 3.6 m，硬山屋面，抬梁结构，前廊为船蓬轩做法，双轩桁由月梁承托，月梁下由驼峰和斗拱承托。明间梁架底梁雕刻凤戏牡丹图，雕刻精美，体现了崔家书香门第、诗礼人家的家族风气。

梁架结构

崔家大院除厅堂等重要建筑使用抬梁结构外，其他房屋基本都使用"金字梁"结构或"金字梁"与抬梁的混合结构。所谓"金字梁"因其屋架部分的轮廓和形式类似于汉字的"金"字而得名，梁架由一根大梁和两根叉手组成，大梁上各有一根短的站柱，俗称"站人"。"金字梁"不但结构简单，用料节省，且受力坚固，施工方便，在进深不大的民宅中非常实用。"金字梁"的独特之处在于其梁架形式、受力特点和构造做法完全不同于穿斗和抬梁建筑体系。

挑檐檩

为增加非厅堂类建筑的美观，明间往往使用挑檐，并在檐柱外设多层插栱以承托挑檐檩。崔家大院的插栱为两出跳或三出跳的"插栱"形式，即在二或三层的插栱上置座斗，最高的座斗上翼形的横栱"一斗二升"，承托檐檩。迎面望去，层层插栱、一斗二升的横栱与挑檐檩形成的立面造型美观，极富装饰效果。

正门楼

正门楼是一座三开间的二层楼，门前立一对憨态嬉戏的石狮子，门楼上方高悬红底金字的"崔氏翰林府"大匾。正门楼内摆放"进士及第""孝廉方正""钦点翰林""旨暂赐六品顶戴以备召用"等各种匾额，实际上是崔氏家族的荣誉馆。因此，正门楼又称"功名楼"，以功名楼为正门，意在突出崔氏家族的门第和显赫的功名。正门楼平时大门紧闭，只有重大节日或重要客人来时才打开，平时只走两侧的偏门即左披门和右披门。正门楼前矗立高大的旗杆，楼对面与崔家巷隔路相望是一座八字形照壁，俗称"八方照"。八方照东侧是上下马石、拴马桩和轿地。整个下院门前威严、庄重，体现了封建礼制和崔氏家族显赫的门第。

佛堂院

佛堂院是崔氏家族的家庙，除供平日烧香拜佛、祈求平安外，遇有家族重大活动则请僧人在此做法事。

祠堂院

祠堂院有大小两座祠堂，是下院中最精美的建筑之一。大祠堂建于台基上，抬梁结构，屋面安装泥塑荷花脊，正脊中间置宝顶，轩廊下悬挂黑底金字的"崔氏宗祠"大匾，堂内悬挂"三戟堂"大匾，落地长窗裙板上雕刻二十四孝故事，堂内供奉有功名的崔氏祖宗牌位。小祠堂在大祠堂西，用于供奉无功名的崔氏祖宗牌位。

翰林楼院

翰林楼院为崔氏族长居住的四合院。翰林楼又称堂楼，二层硬山结构，二层明间饰雕花短窗，并以三层插拱承托挑檐檩，两山墙尖镶嵌"狮子滚绣球"泥塑山花，体形硕大，极富立体感。为突出山花的装饰效果，在山花周围用淡颜色的抹灰平塑出"蝙蝠"形的交趾图，寓意"福"星高照。翰林楼东侧是小妾居住的月亮门院，月亮门院东侧是供亲戚居住的内客厅院。

墨缘阁院

墨缘阁院是下院面积最大的四合院。墨缘阁院既是接待客人的大客厅，也是崔氏子弟研墨读书的地方，因位于下院南部，俗称南书房。

上院

为光宗耀祖，崔焘于道光年间兴建上院，主要用于培养教育族人。前三进为教学设施以及老师居住的四合院，最后一进为花园。现存一进小前院、西花厅院、二进东跨院及二进西跨院，其间穿插影壁、天井、雕花腰廊、腰房等装饰性建筑。

屋脊泥塑构件

为增加屋面的装饰性，每个四合院有一口主屋屋面安装荷花奇石脊、凤戏牡丹脊、富贵牡丹脊等，脊两端安装高大的龙头鱼尾兽头。荷花奇石脊每块长 50 cm、高 37 cm、厚 15 cm，五块组成一个完整的画面。

画面中心或为盛开的荷花，或为含苞欲放的荷花，两侧为或翻卷或浮于水面的荷叶，并分别配以斜竹、太湖石、螃蟹、鱼鹰、青蛙、小鸟等，下部是泛起的涟漪，内容丰富，生动传神。

凤戏牡丹脊中间是两只相向起飞的凤凰，凤凰身后是朵朵盛开的牡丹。

除屋面安装花脊外，两侧山墙上还安装狮子滚绣球、凤戏牡丹、富贵平安等山花，以与花脊相配。如果是厅堂，垛头上还安装"鹿鹤同春""松鹤延年"墀头砖雕，加上长窗裙板上精美的木雕，整个建筑被装饰得富丽堂皇，和谐喜庆。

其他如勾檐、滴水等瓦件有"富贵牡丹"图、"锦上添花"图、"鱼跃龙门"图、"兰草菊花"图等，内涵丰富，寓意深远，体现了崔家大院的文化内涵和鲜明的地域特色。

大院四周建有高大的围墙，大门朴素不张扬，门后设有厚重的门插石，晚上房门紧闭后，用整木的门杠插上，盗贼很难撼动。为了加强巡逻，在客屋院的西北角和上院的东南角各建一座三层的更楼。客屋院的更楼西临彭城路，在楼上可以俯视整条彭城路；上院的更楼位于东边的制高点，人在更楼上，整个崔家大院尽在眼前。同时，在院墙的隐避处辟有更道，以便夜间更夫巡视全院，这些更道不为一般人所知。

2006 年 5 月，包括崔家大院在内的户部山古建筑群，被国务院公布为第六批全国重点文物保护单位。

徐州户部山古民居

苏鲁豫皖接壤地区的传统建筑活化石

名宅地点：江苏省徐州市云龙区
始建年代：明朝
建筑形式：民居院落
占地面积：约2万m³
总建筑面积：一万余平方米

名宅概况

户部山现在民居以清代建筑为主，间有明代和民国时期的民居。大致可分三类：一是官宦之家，二是富商之宅，三是一股富裕人家。共有各家大院20余个，达200多个院落，房屋千余间，总建筑面积一万多平方米，占地约2万m²。现存较完整的民居院落十三个，共五百余间。保存较好的有郑家大院、翟家大院、余家大院、刘家大院、李家大楼、崔家大院、李蟠状元府、魏家园、老盐店等。

历史变迁

户部山位于徐州老城南门外，原名南山，海拔70m，方圆10万m²。因地势高爽，距城区较近，很早就成为登高胜地。明天启四年（1624年），徐州奎山河堤决口，大水三年未退，户部分司主事张璇为避水灾，将户部徐州分署迁至南山办公，南山改名为户部山。

文化内涵

　　户部山有悠久的历史和浓郁的文化内涵。公元前206年，西楚霸王项羽定都彭城，在南山上构筑高台，指挥操练士兵，现留有系马桩遗迹及"秋风戏马""从此风云""戏马台"等名人碑刻。公元416年，南朝刘裕北伐时，在戏马台会见百官，设宴赋诗，并在台上建有台头寺。北魏太武帝拓跋焘到彭城时，曾立毡屋于台上，观察城中动静。历代到戏马台凭吊怀古的名人有白居易、韩愈、苏轼、文天祥等，他们都留下不少的诗文佳句，为户部山增添了浓郁的文化内涵。

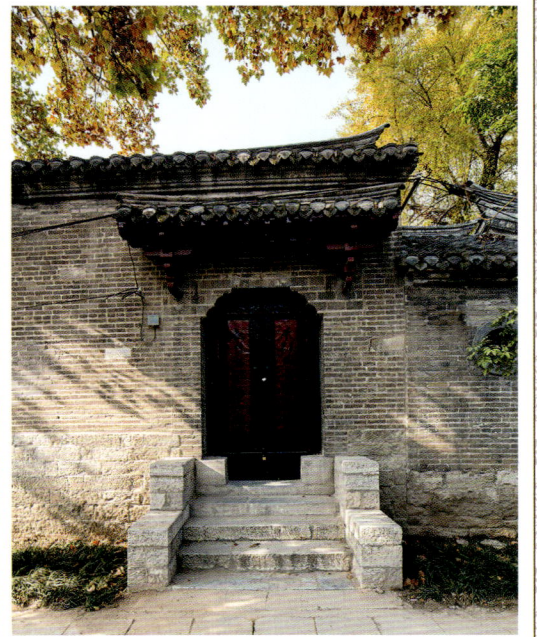

名宅选址

　　户部山地势较高，可抵御洪水；其位置靠近奎河上的漕运码头，商业位置绝佳。洪灾期间大量的官署迁徙于此，逐步确立了徐州乃至苏北新的政治中心。从此富裕的市民们争相在此购地，添置产业，达官显贵们在此修建宅邸、书院、会馆、庙宇、道观。户部山顿时成了一块寸土寸金，炙手可热的土地。"穷南关，富北关，有钱人都住户部山。"由这一流传至今的徐州俗语可见一斑。正是这一些列的历史事件和得天独厚的地理位置，使户部山开始了长达近 400 年的繁荣。

户部山的分区，可以从屋顶（第五立面）上所形成的肌理来认知，具体可以分为三大区域。第一区域是大块的空地，以戏马台为主；第二区域代表是官宦世家，院落尺度较大，如翰林府、状元府等；第三区域代表市井小民的院落，如苏家院、魏家院等。

虽然户部山古聚落的形成和规划没有必然的联系，但在标高上的分区遵循着严整的规律。内圈（山顶）以戏马台为中心，供奉象征皇权的霸王项羽。中圈（山坡）以圆形的环山路相隔，分布着其乐融融的居住区。外圈（山脚）则布满商铺和作坊。户部山的地形和上述阶层金字塔完全契合，形成了独特的人文景观。

建筑理念

户部山古民居既有北方四合院的规整划一，又有南方民居的曲折秀美。墙体多用青石与青砖，梁架用材硕大，雕梁面栋，琢刻精细。并有"里生外熟"及"鸳鸯楼"等独特的建筑方式。

建筑设计

里生外熟

"里生外熟"是指垒砌的墙体分为两层，外层为砖砌的清水墙，内层为土坯，这种建造方式既降低了造价，也能起到很好的保温作用，使房间内冬暖夏凉。

鸳鸯楼

鸳鸯楼的建筑形式仅国内仅有，由于户部山古民居多依山而建，可谓地无三尺平，为充分利用地形地势，减少工程量，在落差较大的地方，建造了这种独持的鸳鸯楼。这种楼分为二层，上下叠压，底层墙体部分利用了原有山体，楼内天梯，楼上楼下的门朝向相反，反映了徐州人改造自然、利用自然的聪明才智，是徐州人在建筑史上的一个创造。

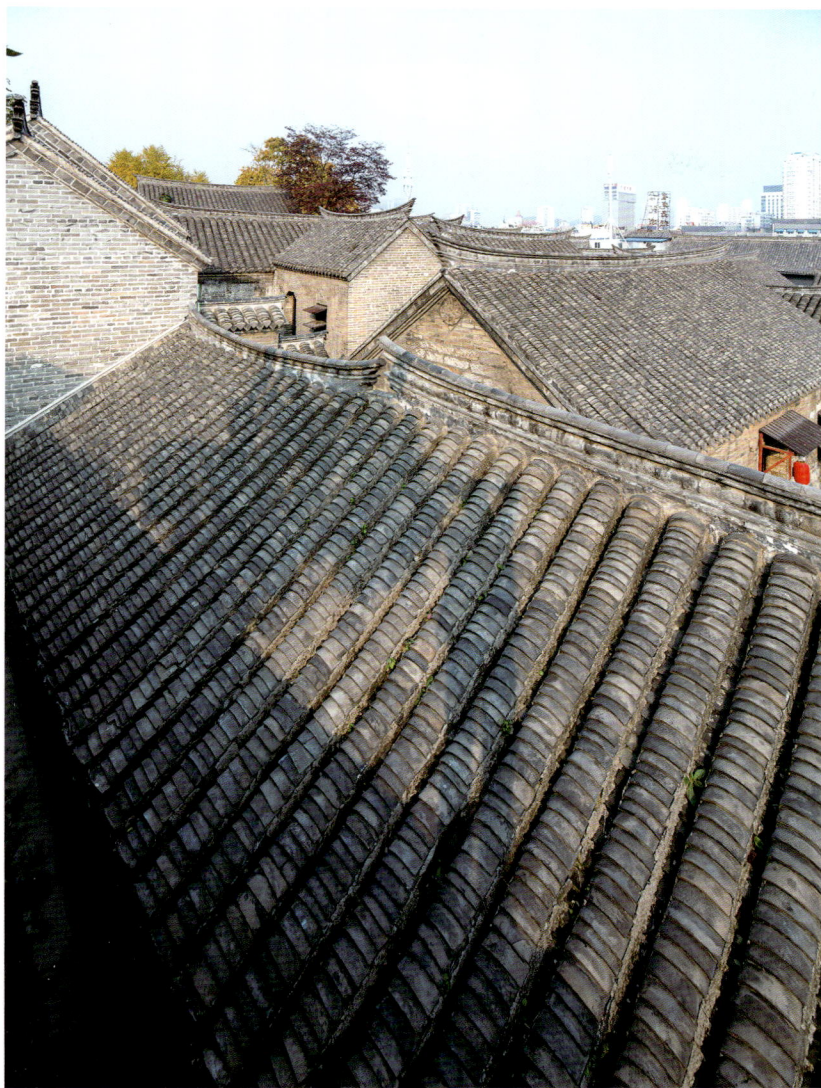

灰色基调

户部山古民居的装饰深受儒家的中庸和平静思想的影响，它有合适的宜人尺度，从不标新立异，强调和环境的和谐关系，这些都可以从"中"的延伸意义找到根源。在色彩上，建筑外部大多是清水砖墙加以白灰抹墙灰瓦砌筑，宅院内外铺砌青石板路，整体呈现出的是一种灰色基调，灰色近似于无，它包含了所有的颜色，又衬托了所有的颜色。

细部衬托

为了避免视觉上的单调，户部山古民居建筑内墙用白灰粉刷，柱子为黑色，在民居门窗、隔断、木梁、木雕上多用醒目颜色，都以黑色、深红色和深紫色为主。这些醒目的色彩，在灰色基调的衬托下，既鲜明夺目，又融合统一，体现出民居沉稳平静的气质。而且户部山古民居色彩与建筑所处的环境色彩相融合，在色彩搭配上取得了均衡、统一、和谐的视觉效果，使建筑仿佛生于斯而长于斯。

石雕

户部山古民居建筑石雕的材质主要以青石为主，多为青色茶回石，质地坚硬而细腻，经历几百年风雨侵蚀仍栩栩如生。小型的建筑石雕采用整石雕刻而成，大型的则采用分件雕刻后再拼接组合而成。石雕题材受材料本身限制，不如木雕和砖雕复杂，主要以动植物形象、博古纹样为主，山水、人物故事较少。主要雕刻部位是石狮子和门墩，石柱础和石窗也稍加雕饰。

砖雕

户部山古民居砖雕可以说是三雕中最有地域特色的一部分，它依据建筑需要被雕刻成方形、圆形、三角形和各种不规则形状，具有朴拙、厚重的特点。无论是花卉草木还是动物象形，都具有强烈的立体感，各种角色呼之欲出。材料多用青砖，用于外立面，多集中于山墙、屋顶、门罩和影壁等部位。

砖雕装饰之山花

户部山古民居硬山屋顶的两个山墙装饰比较讲究，山尖处镶着砖雕的装饰被称为山花。山花处于房屋山墙的最显著位置，便于人们远远的就能清晰地观赏到山花，也更能显示出住宅主人的权势和地位。正因为考虑到观赏距离比较大，所以山花一般都是高浮雕、半透雕形式，注意大效果的处理，虚实相间，极富立体感。在青灰色的墙体衬托下，显得古朴典雅。山花雕饰注重写实，形象逼真，特别是在阳光的明暗掩映下，装饰效果极佳。

砖雕装饰之兽头

重要房屋的屋脊都装有兽头，一般为"五脊六兽"，五脊六兽就是两正脊兽加四垂脊兽，正脊兽安放在正脊的两端，垂脊兽安放四根垂脊上。兽口一般向外，闭口，有功名的人家才能用开口兽。插花兽是兽和铁花的组合，比垂脊兽高一个等级。正脊兽头上安装兰草状铁花。最高等级的是"插花云燕"，就是在正脊兽头上立一根铁柱，上镶三至五层铁制云朵，铁柱最顶端有铁制的飞燕，故名"插花云燕"。一般屋主人取得功名，兽头和云燕才能张开嘴，否则只能用闭嘴的兽头和云燕。"插花云燕"堪称是徐州传统建筑装饰文化中的一朵奇葩。

木雕

户部山古民居的建筑木雕远没有徽州建筑木雕复杂，在题材方面没有出现过人物故事这样复杂的内容，主要题材有几何纹、福禄寿喜、山水花鸟等；手法上也相对简单，主要是浮雕、线雕和镂空雕；风格上更偏向于北方，比较粗犷，平民化，更具有亲和力；用料也一般，而且大部分是结构物件的美化加工，至于纯雕饰的部件比较少。本文主要研究分析作为建筑构件的大木作雕刻。雕刻部位主要集中在梁枋、雀替和门窗上。

户部山民居群是徐州市的一份珍贵的历史文化遗产。2002 年 10 月，江苏省人民政府将户部山民居群列为省级文物保护单位。这些古民居虽历经变迁，至今仍保留下来 10 处院落，已经修复的古民居有魏家园、余家大院、翟家大院、郑家大院、刘家大院等 5 个院落，其中余家大院和翟家大院现已辟为徐州民俗博物馆，展示近代徐州地区的民俗风情和民间工艺，崔家大院正在恢复和维修，气势恢宏的翰林府邸即将展现在人们面前。

名宅小贴士

雀替，又名角替，是传统建筑中位于柱头与梁、枋交搭处用于承托梁、枋的建筑构件。户部山民居建筑中的雀替俗称称为"花牙子雀替"，雀替部位的雕刻题材以花卉鸟雀、卷草龙凤为主，工艺主要为镂空雕。

徐州翟家大院

户部山八大名门豪宅之一

名宅地点：江苏省徐州市云龙区
始建年代：清朝初期
建筑形式：深宅大院
占地面积：1000 余平方米

名宅概况

翟家大院位于江苏省徐州市云龙区户部山古建筑群之内，拥有房屋 57 间，占地面积 1000 余平方米，并与余家大院紧密相连。翟家大面东，依山而建，落差较大，四进院落鳞次栉比，道路曲进，属小家碧玉建筑，值得品味。据传解放战争时期国民党高级将领李弥兵败山东，曾躲避于此后逃往金三角。

历史变迁

翟家世居山西，明朝末年迁来徐州，到清代中期就已成为徐州城内有名的富户。后翟家第七代翟允之与余家结亲后，从户部山王姓手里买了一座大院，置田千顷，从此昂然走进户部山八大家之一。

后因经营不善，翟家逐渐破落，到解放时，翟家只有两户后代居住于此，大部房屋闲置。1958 年进行房产改造，政府接管了翟家大院，由房管局租给老百姓居住，至 1989 年搬迁，大院里断续居住着 17 户人家。

鸳鸯楼
Mandarin Duck
Mansion

翟家大院位于余家大院北，郑家大院南，夹在中间，地势狭长。不甚规范。翟家大院因受其地势所限整体布局为东西纵向，大门朝东，大客厅建在门侧，与鸳鸯楼相对，形成一封闭的小院落。

建筑结构

翟家大院主门面东，仰拾高高的石台阶上行，进入门楼和过道。出过道为第一进院落是为前院，北为堂屋与郑家大院相背，南有一门进入偏院，西拾级而上穿排房而到又一过底，南折头进入中院。这也是一个标准的四合院，正屋为西屋居最高处，仰首俯视，气度非凡。厢房堂屋为楼房，上下各三间，顶层有斗拱花窗显示建筑的精致。东屋与前偏院之西屋根据地形建为鸳鸯楼。三间南屋偏东有配房过道，穿过道而入第三进院。三进院西屋与二进院南屋相连处可入第四进院落。从第四进院落再往高处攀登，便是翟家后花园，园中西北最高处建一亭，是为"伴云"亭。

门楼

翟家大院坐落在户东巷的南首，坐西朝东，高高的门楼下九级石台阶，宽大的铁皮大门镶满了密密麻麻的乳钉，门的两边各有一方方正正的石凳。

客厅

东屋是翟家的客厅。八根挺直的廊柱，十二扇雕花的红漆风门，无时不刻地彰显着翟家的富丽堂皇，高耸的崤兽炫耀着主人的高贵和与众不同。带有廊檐的屋子，方砖铺地，正中的后墙上挂一木质大匾，宽度盈房，匾的四周刻有花边，藏蓝色底子镶着四个鎏金大字。

排房

南屋是一溜排房，是翟家佣人住的，西山墙上有一小门，一暗道直通上院三过邸。

西屋

西屋三间是大院主人住的，八级条石台阶，两边三级平铺的青石护栏。因地势的原因，看上去比绣楼还要略显高大雄伟，它虎视着整个院落，显示着主人的威严和不可一世。

抬步进房，中间摆放一半人高的条机，条机下是八仙桌、两把太师椅，靠墙两边各摆一春櫈，条机的正中端放着佛龛，一头是花瓶，大肚小口上插着鸡毛毯子，另一头是景泰蓝笔筒。条机的上方挂着中堂，一幅国画和两边的条幅。

三过邸

四合院的东南角是三过邸。三过邸的左边有一狭小通道，通向一进院子南屋山墙的小门，这是供佣人行走的，佣人从前院到厨房，或到后院劳作，就可以避开主宅院；太太、小姐们由丫鬟伺候着。

四过邸

四过邸的侧间里有地窖，用来存放粮食、疏菜、瓜果，相当现在的冰箱，离厨房近，拿取方便。

后罩房

出四过邸是最里一个院子，建一排后罩房，这是三明两暗的建筑式样，三间大屋两边各配一耳房。郑家大院也有这样的房间。

鸳鸯楼

由于户部山古民居多依山而建，可谓地无三尺平，为充分利用地形地势，减少工程量，在落差较大的地方，建造了这种独持的鸳鸯楼。这种楼分为二层，上下叠压，底层墙体部分利用了原有山体，楼内无梯，楼上楼下的门朝向相反，上下两层犹如交颈的鸳鸯。现在鸳鸯楼辟为香包厅。

绣楼

邻近鸳鸯楼的绣楼是中国古代女子专门做女红的地方，如绣花或者织荷包。

园林景观

龟叶池

后花园的一块平地上有一池碧水，池名"龟叶池"。清代留存至今，鱼池呈树叶型（落叶归根之意），池中央的山石呈龟状，健康长寿之征，既有意境美，同时也具有园林设计的阴阳观。

伴云亭

后花园的高台上，有一伴云亭，始建于清初，乾隆皇帝来徐时曾登临户部山，驻足此亭，当时山间云雾缭绕，云从亭上飘过，亭与云相依相伴，仿佛仙境，乾隆见此情景，遂为此亭题名曰"伴云亭"。伴云亭小巧飘逸，四周围廊，中有一室，是文人雅士聚集的地方。1942年，乡贤诗人郑在陆在他的《金缕曲·四十抒怀》一词中描述了此亭和园中景色："旧宅依山麓。最难忘，高楼月上，小亭云簇。字栏干临风处，佳树菁葱翠覆。更怪石，庭边幽矗。地以人传今犹昔。喜宏文，赐记盈篇牍。颜额曰，郑家谷。当年别馆枉营筑。梦魂萦，凄凉往事，谶联如卜。身似谢家堂前燕，飞入寻常茅屋。更变起，金瓯颠仆，殃及池鱼何必说。慨而今，凭庑聊栖足。零落尽，故园菊。"伴云亭地处东南高地，背风向阳，视野开阔，极目南望，云龙山色尽收眼底。

建筑细部

影壁

影壁墙中间一大红福字。影壁，也称照壁，古称萧墙，是中国传统建筑中用于遮挡视线的墙壁。旧时人们认为自己的住宅中不断有鬼来访。如果是自己祖宗的魂魄回家是被允许的，但是如果是孤魂野鬼溜进宅子，就要给自己带来灾祸。如果有影壁的话，鬼看到自己的影子，会被吓走。影壁还可以烘托气氛，增加住宅气势。

石碓石杵

院子角落有个石碓和挂在墙上的石杵。石碓徐州人叫碓窝子，一般都是圆口的，这种方口的比较少见，常用的碓头是一个石球的平面上镶一木把，石杵比较少用。

90年代以来，经过多次清理与维修，余家大院和翟家大院现已辟为俗博物徐州民馆，展示近代徐州地区的民俗风情和民间工艺。

名宅小贴士

翟家大院与余家大院相连。余翟两家结亲，庭院相互贯通，布局巧妙，错落有致，朴实无华，极具地方特色。

镇江梦溪园（沈括故居）

一代司天监，千秋说梦溪

名宅地点：江苏省镇江市中心区梦溪园巷
始建年代：宋代建筑（原貌佚失，现为清代建筑风格）
建筑面积：500 m²

名宅概况

梦溪园（沈括故居）位于江苏省镇江市中心区梦溪园巷，是北宋时期科学家沈括晚年居住的地方。他在此写成了科学巨著《梦溪笔谈》。现代研究中国科技史的英国科学家李约瑟博士称誉《梦溪笔谈》为十一世纪的科学坐标。我国当代科学家钱伟长说："这座坐标就屹立在镇江。"该书现已被英、法、德、美、日等国家翻译出版。

名宅由来

沈括三十岁时，常梦见一风景秀美之地，山明水秀，登小山，花木如覆锦；山之下有水，澄澈悦目，心中乐之，因欲谋居。后来他托人在镇江买了一块园地。几年后沈括路过镇江，见其地，不禁又惊又喜，觉得宛若梦中所游之地，于是遂举家移居于此，建草舍，筑小轩，将门前小溪命名为"梦溪"，庭院命名为"梦溪园"。他在这里潜心撰著，完成了包罗他毕生科学研究结晶的不朽著作《梦溪笔谈》。

建筑风格与构造

　　梦溪园原占地十多亩。缘溪依山而筑，环境幽静，景色宜人。梦溪园（沈括故居）原有建筑有岸老堂、萧萧堂、壳轩、深斋、远亭、苍峡亭等建筑，还有一条溪水流经园内。现在的梦溪园是原梦溪园的一部分，由六门面、前后两进的青砖平房和一个庭园组成，面积 500 m²，房屋建筑面积为 200 m²，是 2 幢 6 间的清代建筑。

　　沈括卜居于此八年（57～65岁），死后归葬于杭州，其家属仍居镇江，而梦溪园逐渐荒芜，南宋宁宗年间，辛弃疾任镇江知府时，曾修葺之。

　　后梦溪园数易其主，原貌早已荡然无存。

　　在1985年，沈括逝世890年之际，这所宅院被政府整修一新。为了纪念沈括，镇江市人民政府将东门坡更名为梦溪园巷，将临近的环城路更名为梦溪路，原东门广场更名为梦溪广场，将这位名人的巨型石雕立在广场中央。在原有建筑基础上，新增展厅10间，新建半廊、四角亭和办公用房等。

建筑设计

　　前幢为清代修建的硬山顶平瓦房，坐东朝西，当中设正门入园，面阔三间，门上方嵌有茅以升题写的"梦溪园"大理石横额。四角各饰有一块水仙花浮雕砖，墙面左右上部嵌有竹子、兰花石刻装饰，两侧还有万年青盆景雕花砖。

　　后幢为清式厅房，面阔三间，坐北朝南，硬山顶，地面铺方砖。正立面中为雕花大福扇8扇，左右两间有短墙，上置槛窗，各为6个。后幢内有沈括全身座像和文字图片、模型、实物，展现了沈括在天文、地理、数学、化学、物理、生物、地质、医学等方面的科研成就。

园林景观

园内整修了石板路，种植了兰、梅、竹、梨、桂、棕、桃、槐等多种花木和盆景，新建透空花窗连月宫门隔墙及龙形围墙，建有假山。

走出门厅进入一个小院落，院子里园艺精致，冬青树整齐划一，院里的水井古色古香，假山石罗列院中，千姿百态。

　　进入梦溪园（沈括故居）大门，首先映入眼帘的是沈括雕像（一位睿智的老者在掩卷沉思），两旁是当代著名女书法家萧娴在1985年纪念沈括逝世890年时所题写的楹联："一代司天监，千秋说梦溪"。雕像背面是英国科学史家李约瑟先生对沈括的评价——"中国科学史上的里程碑"。

　　过了花香鸟语园门，就进入内园，墙上嵌着原中顾委常委李一氓先生所题写的"梦溪园"碑牌，以及镇江市人民政府和市文管会立的文物保护标志牌。

　　正厅迎门的两根立柱上刻着一幅楹联：

　　数卷奇文物志无心匀翠墨

　　一钩初月南航北驾为苍生

　　厅堂正中两侧又是一幅楹联，是当时镇江书法界泰斗、时任江南诗词学会会长、镇江书协名誉主席的李宗海先生撰写并亲书。

　　沈酣于东海西湖南州北国之游梦里溪山尤壮丽

　　括囊乎天象地质人文物理之学笔端谈论自纵横

镇江五柳堂（陶家大院）

镇江古名居特点和风格的代表

名宅地点：江苏省镇江市京口区
始建年代：明代
建筑形式：明清民居建筑群
名宅性质：江苏省文物保护单位

五柳堂为位于江苏省镇江市京口区演军巷 16 号的一座明清民居建筑群。五柳堂建筑群，延续明、清及民国三个历史时期，代表着镇江古名居的特点和风格，具有重要的历史、艺术、科学价值。1992 年中房镇江公司在进行房地产开发时发现，经文营会报请市政府批准，原地保护了三进平房及一座藏书楼。1995 年 4 月，江苏省政府公布"五柳堂"为江苏省文物保护单位。为了加强保护，1999 年 12 月至 2000 年 11 月，镇江市文物管理委员会本着"修旧如故，以存其真"的原则，对该建筑群进行了大修。

五柳堂宅主陶氏，祖居江西浔阳，后迁居镇江，凭"络丝"手工劳动逐步发展成江绸业巨擘。陶氏系五柳先生陶潜的后人，故题"五柳堂"堂名以示对先人的尊崇之情。院中五棵柽柳与五柳堂寓意相呼应。

五柳堂

梅庵派古琴艺术馆

"五柳堂" 堂号由来

　　东晋时期，陶氏有位诗人名扬天下，就是陶渊明（公元365～427年），字元亮，一名潜，江西九江人，为人志趣高雅，有著名的不为五斗米折腰的处世哲学，曾任江洲（今重庆市）祭酒（古代官名）、彭泽（江西省县名）县令，因不满当时的政治腐败，辞官归隐，安居乐道，门前栽五棵柳树，以"五柳先生"自居，专于诗词辞赋。陶渊明"采菊东篱下，悠然见南山"的诗句写出了其丰富的乡间生活，成为千古佳句。氏人为纪念他，以"爱菊"为堂号，歌颂他俏也不争春的高风亮节，用"百梅世泽，五柳家声"为堂联。其后经皇帝知晓后赐封为"五柳堂"。"五柳堂"由此得名。

建筑布局

　　五柳堂原有房屋七进及藏书楼一座，因20世纪90年代初周边进行房地产开发，现原地保护三进平房和一座藏书楼。第一进为楠木厅，第二进为斜厅，第三进为阁楼厅，均为面阔三间的硬山式平房。第四、五、六进为清末民初建筑，与第四进平行。

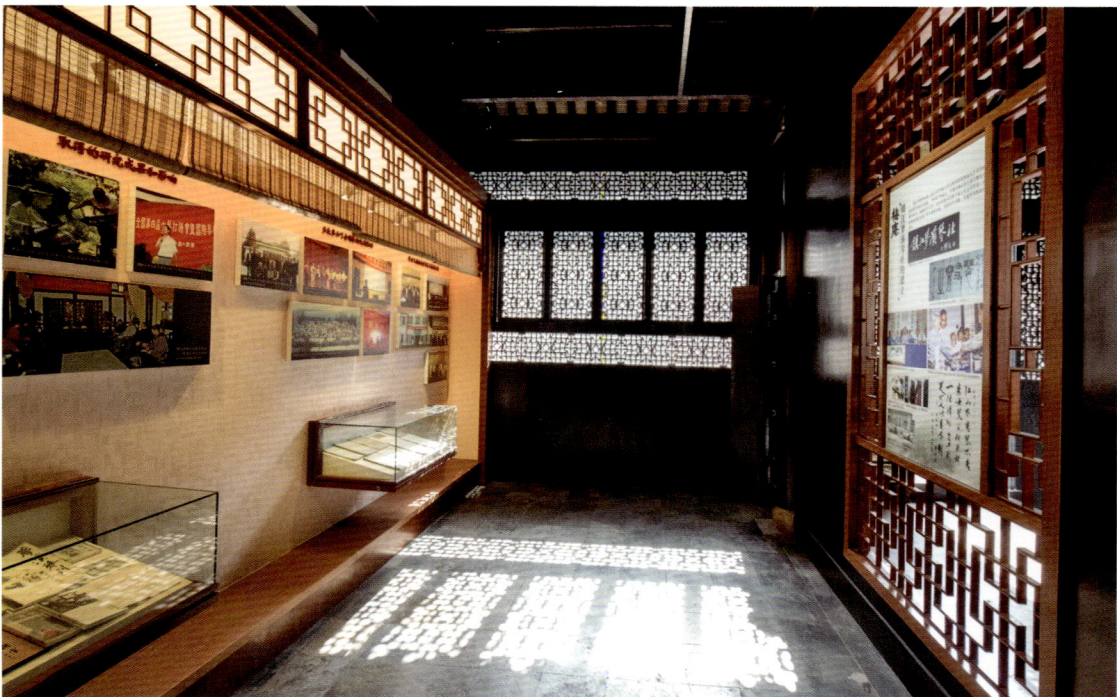

建筑结构与特色

　　楠木厅系明代建筑，梁架、立柱均为楠材，梁架用才硕大，屋面平缓，出檐较深，立柱呈棱柱状，顶部有卷刹，上置斗拱，石鼓石磉采用白大理石制作，梁、柱、枋等构件均为明代建筑特征，另做抬梁，次间山面无脊柱。这种宋元遗制实例甚是可贵。斜厅建于清代前期，整个屋身斜形而立，与楠木厅不在一条中轴线上，颇具个性。阁楼厅与斜厅依回廊相连，东西间附建阁楼，颇为独特。藏书楼亦名游经楼，两层，取陶潜诗"游好在六经"之意，建于民国，为陶蓬仙藏书、写作之处，他曾在此编纂《润州唐人集》等书，具有一定的学术价值。院内墙壁上有砖刻两方，一书"涵芬"，一书"揽秀"。

发展现状

五柳堂，现为梅庵琴派古琴传习所，它与刘景韶故居梦溪琴社所在地共同构成为梅庵琴派古琴艺术馆。

杭州于谦故居

民族英雄怜忠祠

名宅地点：浙江省杭州市上城区清河坊祠堂巷 42 号

始建年代：1466 年

建筑形式：仿明代建筑

名宅概况

于谦故居位于浙江省杭州市上城区清河坊祠堂巷 42 号。明成化二年（公元 1466 年），于谦案昭雪，故宅改建为怜忠祠，以资纪念。现故居已照原貌修缮一新，陈列于谦生平事迹，尚留旗杆石、造像碑等遗物。故居免费向公众开放。

历史变迁

明正统十二年（公元 1447 年），于谦被召入京任兵部左侍郎。时隔两年，北方瓦剌部酋长也先突然对明朝大举进攻，明英宗听信王振鼓惑贸然亲征，兵败河北土木堡被俘。皇太后命诸大臣拥立英宗弟朱祁钰为明景帝，景帝任命于谦为兵部尚书，统帅全军。于谦提出了六条保卫京师的方案，针对瓦剌利用英宗要挟的阴谋，严令边关坚守，不许议和。

当年十月，瓦剌大军包围北京城，于谦率军严阵以待，奋勇抗敌。几场激战后，瓦剌部仓惶退却。于谦被擢升少保，总理全国军务。8 年后，被送回的英宗，趁景帝患病不起，发动"夺门之变"，重返帝位，以"谋为不轨，迎立外藩"的罪名逮捕了于谦并杀害于北京东市。15 年后，英宗死，宪宗即位，于谦冤案得以昭雪。

被害次年，于谦遗骸由他的女婿朱骥运回故乡，葬于西子湖畔三台山下。于谦死后，其故宅改建为悯忠祠，以资纪念，巷亦名祠堂巷。后又成为民居。

　　从"崇德"二门进去，左侧房舍为于谦简朴的卧室；一进有一口古老的"于氏古井"，一面靠墙，三面由石栏杆围住。当年于谦在这里汲水，井圈内壁绳痕还在。井边有一间10余平方米的起居室，于谦在这里起居，在井边洗漱后开始一天的晨读。主建筑"忠肃堂"，原是故居的厅堂，陈设简单，一眼望得到底。正壁挂有于谦画像，两侧有联："少时大策魁多士；晚节忠风愧几人。"这一如于谦清白的一生。"忠肃堂"门廊的一副对联："吟石灰、赞石灰，一生清白胜石灰；重社稷、保社稷，百代馨击意社稷"。

　　忠肃堂后面是个小园，一池方塘，两个小亭，静穆得仿佛能听到池中的天光云影。一碑、一井、一室、一堂、一池、两小亭，一眼尽收。

建筑装饰

　　故居植有腊梅、红枫，皆象征于谦历严寒而不屈的坚强品格。故居最后一进是雅静的后院，墙角有一扇形半亭，称思贤亭，对面方池畔在翠竹映衬下有一琴台，寂寂而立。琴台木柱亦有一联："坐觉心胸绝尘俗，要留清白在人间。"

名宅现状

　　1989年，杭州市政府对早已面目全非的于谦故居进行整修，故居保留了旗杆石、造像碑等遗物。据知情者称，如今的于谦故居并非复原之作，而是设计者以仿明代建筑为原则的大胆构思。

南京甘家大院

中国最大的私人民宅

名宅地点：江苏省南京升州路与中山南路交界
始建年代：清嘉庆年间
建筑形式：清代南京地区代表性建筑
占地面积：21 000 m²

名宅概况

甘家大院一般指甘熙宅第。甘家大院又称甘熙故居，始建于清嘉庆年间，俗称"九十九间半"，是中国最大的私人民宅，与明孝陵、明城墙并称为南京明清三大景观，具有极高的历史、科学和旅游价值，是南京现有面积最大、保存最完整的私人民宅。

历史变迁

甘家大院始建于清嘉庆年间。甘熙是甘福的次子，为晚清著名文人，曾经中过进士，生平著作甚丰。相传甘氏为金陵望族，甘氏父子曾遍访吴越，收集书籍十万册，建藏书楼，名津逮楼，并因此留名青史。于1992年11月对外开放博物馆，1995年被订为江苏省及文物保护单位，2001年被列为爱国主义教育基地，为政府所管辖，2006年成为国家级文物保护单位。现外侧与熙南里历史老街组成具有特色的民俗文化老街。

南京升州路与中山南路交界的地段，闹市之中，不起眼的在一条巷子里，白墙灰瓦，挂一串红色灯笼，标记着南捕厅十九号——甘家大院。这就是著名的"九十九间半"——清代中国最大的平民住宅、距今已有两百多年的历史的甘家大院。

建筑风格与特色

　　甘家大院并非徽派建筑，也不是完全的苏式建筑，而是和南京高淳、六合等地一样，有着南京自己的建筑风格，整个建筑反映了金陵大家仕绅阶层的文化品位和伦理观念。建筑的布局严格按照封建社会的宗法观念及家族制度而布置，讲究子孙满堂、数代同堂，致使宅第的规模庞大、等级森严，各类用房的位置、装修、面积、造型都具有统一的等级规定。

在南京地区规模较大的多进穿堂式民居，都俗称为"九十九间半"，究其原因，九是最大的阳数又是吉数，过九到十就到了头，而到头就意味着走下坡，所以中国自古就有"九五之尊"的说法。中国最大的宫廷建筑是故宫，号称"九千九百九十九间半"，最大的官府建筑为孔府，号称"九百九十九间半"，而民居则最多不过"九十九间半"了，这半间既表示没达百间的谦虚，又有仅半步就到目标的得意。甘家大院实际房间数为162间。

建筑布局

甘家大院的布局严谨对称、主次分明、中高边低、前低后高、循序渐进，步步推向高潮。每落位于主轴线上的明间较两侧的开间略大，而整个住宅的入口位于正落中间。

正落沿纵深轴线布置的各种用房按顺序排列：一进门厅，二进轿厅，三进正厅，四、五进为内厅等。

相对正落而言，边落没有直接对外的主要街道入口，要进入这个大家庭，任何人都必须通过正落的入口，这种布局体现了封建家庭中不能另立门户的观念，基于这种原因，在边落中不设正厅，保证了家庭中主要的礼仪接待活动都必须在正落中进行。

布置在边落中的建筑无论在开间的面宽和总的间数等各方面都较正落为小，正落与边落间有通长的备弄。一般情况下，边落中各进的平面与正落不完全相同。边落中轴线是不完全贯通的，各进厅堂要经过备弄和天井才能进入。

大宅布局上强调中央轴线的突出地位，是封建社会生活方式和意识形态的反映。

建筑结构

　　传统的地方材料及气候条件使民居具有较统一的色调，故居的主要组成部分门厅：在多进大院中第一进，并列的房间还包括过厅、门房、账房。

　　在大门两侧可以看到墙面光滑平整，据称，工匠们用刨子刨平砖块的方法，使墙面异常平整，砖与砖之间几乎没有空隙，这些砖又称刨砖，这种工艺称之为磨砖对缝。

轿厅

轿厅一般在第二进，也有与门厅布置在一起的（如南捕厅 15 号一进），是供客人和主人上下轿的地方。

大厅

大厅供接待宾客、婚丧大典之用，是住宅民居建筑群体中的主体。为了加大进深，突出建筑物的高度，大厅一般都采用抬梁结构，以显示主人的财富和地位，内部建筑构造精巧，装饰华贵。三开间，开间的宽度由中央向两侧递减，即中间较宽，大厅入口各间为通长落地扇门，可全部开启。

大厅内壁设板壁（也称屏门），以避免视线直通内院，板壁上悬挂字画、对联、匾额，与室内的家具共同组成了大厅内丰富多彩的空间。

大厅前后左右都是走廊，走廊还可以与侧面的备弄相连，这种布局使服务人员的往来行走不致干扰大厅中的活动。

内厅

内厅设在第四、五进中，供主人及内眷生活、起居之用，内厅下层是家眷日常生活和进行家务劳动的场所，上层为卧室。第五进住着家族中最小的女性，故又称绣楼。厨房及其他服务性用房布置在住宅的末端或边落中，可通过后门或经过备弄通向街市。

备弄

各落建筑间有一条宽约 1 m 到 1.5 m 的通道，又称甬道。它起到了消防通道的作用，如遇火势，人们可以从这条备弄穿行救火；另外，由于封建社会男尊女卑，长幼有序，主仆分明，不得越雷池半步。主人、贵宾走正厅大道，而备弄就是供女人、仆人行走的通道。从这儿可以看出封建社会对女姓、劳动人民的歧视。

庭院

民居中的重要组成部分，功能上的需要，使空间环境产生极为丰富的变化，多进穿堂式从空间的虚实变化来看，"实"的是民居中的建筑物，"虚"的是向上开敞的庭院空间。

庭院从功能上可以起到采光、通风、排水的作用。大多数庭院进深较浅，与建筑物的高度相比约为 1：1 左右，结合建筑物的围廊、挑檐，使整个住宅内部的交通面积减小，节省了用地，也避免了夏季的直射阳光，冬季由于檐部的起挑又能保证室内充足的日照。

园林景观

　　庭院内园林绿化较简洁典雅，不致形成空间的堵塞。南捕厅15号花厅前的院子，内部设假山、花石，用花墙隔断，起调节气温、通风的作用。庭院的绿化和明亮的天光所组成的欢快的色调与建筑物内部的调和与安宁的色调形成强烈的对比，使整个民居内部空间变化无穷。

　　高大的封火墙使建筑外形美观、雄伟，有效地防火防风，把建筑空间隔开，使它的各部分的使用功能得以划分。

装饰艺术

  甘家大院的雕刻题材多样，内容丰富，有竹节高升、葡萄结子、五福捧寿、延年益寿等图案，其中"福鹿十景"象征"荣禄"之意，"郭子仪拜寿"表示"福寿"之意。在梁坊等处还雕有钱蝠（全福）、柏鹿（百禄）、柏树绶带鸟（百寿）、蝠磬（福庆）、蟠桃与鹤（鹤寿）以及玉堂富贵、吉庆有余、万事如意、平升三级、平安富贵等各种吉祥图案，这些木雕刻工精细，疏密有致，层次丰富，显得典雅古朴，称得上是木结构装饰中不可多见的艺术品。室内还装饰有落地罩、挂落等，代表琴棋书画和梅兰竹菊。

  在大厅前的门楼上及其它一些部位上有砖雕装饰，如八仙过海、福禄寿喜，其形式和内容相当丰富，是建筑、雕刻、绘画、书法、戏曲各方面的综合艺术。

砖雕"八仙人物"

砖雕"文王访贤"

苏州俞樾旧居

清朝朴学大师俞樾的著书之庐

名宅地点：江苏省苏州市人民路马医科巷 43 号

始建年代：清同治十三年（1874 年）

建筑形式：园林住宅

占地面积：2 800 m²

名宅概况

　　俞樾旧居即曲园，位于苏州市人民路马医科巷 43 号。俞樾于同治十三年（1874 年）得友人资助，购得马医科巷西大学士潘世恩故宅废地，亲自规划，利用弯曲的地形凿池叠石，栽花种竹，构屋 30 余楹，作为起居、著述之处。在居住区之西北原有隙地如曲尺形，取老子"曲则全"之意，构筑小园取名"曲园"，宅门悬李鸿章书"德清余太史著书之庐"横匾。

历史变迁

　　俞樾辞世后，曲园作为祖产传给了曾孙俞平伯。1954 年，俞平伯将曾祖故居捐献归公。1957 年整修乐直堂、春在堂、小竹里馆等厅堂及小园。故居先后由市文联、戏曲研究所、评弹团、科学之家等单位使用。十年动乱中，厅堂损坏严重，园中假山、亭阁、曲廊、水池及花木被毁严重，并于其间建三层居民住宅楼一栋。1980 年俞平伯、顾颉刚、叶圣陶等知名人士联名呼吁修复。1982 年由市园林局实施对故居厅堂建筑的维修，至 1983 年完成了乐知堂、春在堂等主要厅堂的修复工作。1986 年由市区文物保护管理所按名人故居进行陈设布置，并于当年 10 月开放，供人参观。1989 年又动迁居民 20 余户，拆除园内三层住宅楼，修复门厅、轿厅和园中亭、廊、斋、阁等建筑及曲池。1990 年继续恢复假山，补栽花木。目前俞樾故居的厅堂及小园已全面开放，供人参观。所余两进内宅上房及东侧配房，仍为居民使用，将列入下一步整修规划。

五进布局

　　曲园正宅居中，自南而北分五进，其东又建配房若干，与正宅之间以备弄分隔又相互沟通。其西、北为亭园部分，形成一曲尺形，对正宅形成半包围格局。正宅门厅和轿厅皆为三间。第三进为全宅的主厅，名"乐知堂"。第四、五进为内宅，即居住用房，与主厅间以封火山墙相隔，中间以石库门相通；均面阔五间，以东西两厢贯通前后，组成一四合院。乐知堂西为"春在堂"，面阔三间，进深四界。堂前缀湖石，植梧桐，为俞樾当年以文会友和讲学之处。

乐知堂

作为全园的正厅，"乐知堂"取《周易》"乐天而知命"之意，面阔三间，进深五界，为全宅唯一大木结构采用扁作抬梁式的建筑，用料较为粗壮，装饰朴素简洁。厅堂内空间高敞，楹联"惜食惜衣，不但惜财尤惜福；求名求利，只须求己莫求人""三多以外有三多，多德多才多觉悟；四美之先标四美，美寿美名美儿孙"等都是俞樾自撰。这是俞樾人生观的表露。这里也为俞樾当年接待贵宾和举行生日祝寿等喜庆活动的场所。

值得一提的是，"乐知堂"堂匾是曾国藩题写，太师壁上是吴大澂的《春在堂记故事》，柱上是俞樾为自己写的挽联"生无补乎时，死无关乎数，辛辛苦苦，著二百五十余卷书，流播四方，是亦足矣；仰不愧于天，俯不怍于人，浩浩荡荡，数半生三十多年事，放怀一笑，吾其归欤"，俞樾的赤子之心、坦荡之心表露无余，厅堂内还收藏了许多俞樾著《春在堂全书》的木刻书版，一架赛金花使用过的钢琴也陈列在内。

小竹里馆

旧居南面为"小竹里馆"，为当年俞樾读书之处，馆南小院载竹。屋内四角悬挂宫灯，中间是俞樾的油画像，在左右墙上挂着多幅描绘俞樾生平故事的国画。壁上还嵌着俞樾《曲园记》的砖刻。

春在堂

　　轩敞明亮的厅堂"春在堂"是曲园主要建筑之一。据说俞樾在北京保和殿参加翰林考试，试卷的诗题为"谵烟疏雨落花天"，俞樾依题作诗，首句为"花落春仍在"，由于蹊径独辟，深得阅卷官曾国藩的赏识，考试结果，名列前茅。因之俞樾以"春在"作堂名，并且把自己250卷著作称为《春在堂全书》。堂内陈设简朴，中间一具坑床，左边置一书桌，上有文房四宝，现在还陈列着俞樾著作的书箱及木刻版片500余片。这里原是俞樾读书著作的书斋，也是接待宾朋、谈诗论文的所在。

山水亭榭

　　"春在堂"西北乃是一个花园，西边一条长廊，廊中有一曲水亭，廊下便是一泓清水，名"曲水池"。亭名"曲水"。东面一座假山傍池崛起，山上花木隐翳，山石崚嶒，山上筑有"回峰阁"和"在春轩"。"回峰阁"与"曲水亭"相对，假山中原有小门与内宅相通。据说俞樾常在此间小坐玩月。下山则有书房三间，名为"达斋"，与"认春轩"南北相对而立。

艮宦

　　"认春轩"北杂植花木，叠湖石小山为屏，中有山洞蜿蜒。穿山洞有折，东北隅为面阔两间的"艮宦"，乃昔日琴室。在"艮宦"可小憩片刻，可抚琴，可品茗，最适观望。

1998 年 5 月根据有关史料记载的大格局，将这座房龄达 119 年之久的名宅，按旧时风貌重新修建。现俞楼为仿古砖石结构，重檐歇山顶，两层三开间建筑，灰墙、黛瓦、褐柱。楼后又建联廊，与重修的"西爽亭""伴坡亭"相连，再现旧居昔日清丽、幽雅的书卷气。此后，在这里辟建俞曲园纪念馆。随后，旧居 2006 年被列为全国重点文物保护单位。

苏州渔庄（余觉故居）

砖木混合结构庭院建筑

名宅地点：江苏省苏州市郊石湖东北渔家村
始建年代：1932 年
建筑形式：砖木混合结构庭院建筑
占地面积：1 500 m²

名宅概况

苏州渔庄（余觉故居）原名觉庵，又名余庄、石湖别墅，位于苏州市郊石湖东北渔家村，近代书法家余觉建于 1932~1934 年，所以又称余庄。

历史变迁

余觉故居 1965 年收归政府所有时改名"渔庄"。宋代田园诗人范成大辞官后就隐居在此。1985 年起全面整修，次年秋竣工，并按名人故居陈设布置，成为石湖风景区景点之一。1986 年苏州建城 2500 周年时"渔庄"对外开放。1991 年被列为苏州市文物保护单位。

苏州渔庄（余觉故居）所在地传为南宋范成大石湖别墅农圃堂（一说天镜阁）故址，占地面积约 1500 m²。

余觉于20世纪30年代初居芳草园，民国23年左右得吴子深赠石湖渔家村基址，花费4 200元，建屋5楹三进，中间一进为福寿堂。堂前临湖处筑渔亭。余觉作《石湖赋》并序，云系范成大天镜阁故址，自建石岸八九丈、长廊六七条、方亭三四座，西通场圃，莳花植竹。

建筑布局

　　苏州渔庄（余觉故居）现有厅堂两进，面阔均为五间，明间与次间为厅，梢间为书房、居室。前厅名"福寿堂"。前后厅之间两侧以廊贯通，廊腰各构方形半亭，左右相对，中间为一四合院式庭院。庄前滨湖另筑方亭，名"渔亭"，遥对上方山楞伽寺塔和磨盘山范成大祠堂，风景殊胜。

建筑结构

　　苏州渔庄（余觉故居）为砖木混合结构庭院建筑。

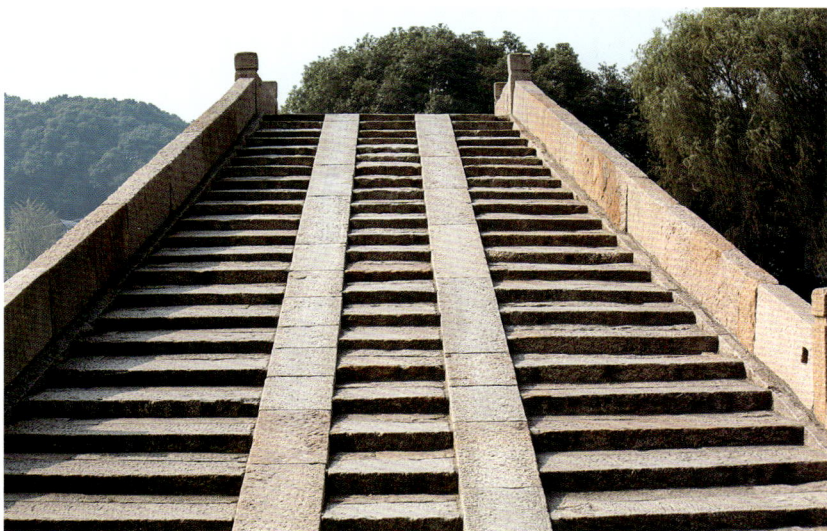

堂前临湖处筑渔亭。自云："种葵九百株，高皆二丈，占地半亩，大叶遮天，本本如盖……从叶缝中望山色湖光，风帆沙鸟，悉在跟前，清风拂拂，非复人间世矣"。

渔庄前原有四面临水的湖心亭一座，系乾隆二十二年总督尹继善修建。渔庄的廊、亭、厅、院虽构筑简朴，但这座古宅面山临水，有道是"远浦藏舟一水飞洮带城郭，近山人户数举流翠湿衣裳"。推门而出，近处碧波荡漾，有白鹅戏水，远处上方、七子诸山群峰竞秀，看不尽湖光山色惹人醉。

渔庄庭院内遗下百年历史的两株金桂和一棵石榴，仍在此默默守望。院子里桂花竞相开放，花香四溢。在后院能看到新建的"天镜阁"，一水相隔，近在咫尺。"天镜阁影""吴宫烟水""双亭观湖""曲流栈桥"都是新添的景观。

坐在湖畔的凉亭里小憩，向四周眺望。远山近水尽收眼帘。

庄园内景色迷人，绿树成荫，桂花飘香，堤柳依依，池荷清远，田园风光如画。湖水粼粼波光，湖面开阔，与上方山相互辉映，山水相依，上方山的山颠宝塔及金光大佛尤为石湖增色。

余觉的夫人就是近代刺绣艺术家、刺绣艺术教育家沈寿。据说渔庄的主厅"福寿堂"名字的来历，是当年清末（1904年），余觉和夫人沈云芝进京上献"八仙上寿图"和"无量寿佛图"刺绣作品，深得慈禧太后赞赏，并赐书"福"、"寿"两字。于是余觉改为余福，夫人沈云芝改为沈寿，主厅"福寿堂"因而得名。大厅典雅宽敞，内有一块"懿旨嘉奖"的匾额。

徐州 余家大院

苏鲁豫皖接壤地区唯一的民俗博物馆

名宅地点：江苏省云龙区户部山崔家巷2号
始建年代：清朝雍正年间
建筑形式：深宅大院
占地面积：3 141 m²

名宅概况

追溯至清乾隆、雍正年间，安徽有茶商余氏，贩运茶叶，来往于江浙之间，后来在徐州开设茶行。至乾隆时期中叶，家道中兴，购得户部山一处四进院落的大院。此后，经过七代人的努力，不断扩建，构成了一宅三院的布局，成为占地约 3 141 m²、房屋 124 间的一座庞大院落。

历史变迁

清雍正年间，安徽歙邑西郊山区（今歙县）有茶商余氏，来往于江浙之间，后到徐州开设茶行，经营渐盛。到乾隆中叶在户部山东南部购置房产，作为永久居住地，后经七代人的努力，形成左、中、右三路院落格局的深宅大院，即为现在的余家大院。到解放初期，余家大院与户部山周围的其他明清、民国时代的近百处院落保留下来，房屋万余间，堪称徐州传统民居建筑的博物馆。

然而世事沧桑，随着全国"破四旧"运动的开展和十年浩劫的来临，户部山传统民居在打、砸、抢的喊声中被破坏得体无完肤。浩劫过后，户部山带着千疮百孔走入了自己的沉静期。八十年代以来，随着城市建设的飞速发展，一片片老屋倒下了，户部山传统民居因得地势之利，居高免危，暂时被保留下来。然而，一批又一批的居民趁此涌向户部山，他们抢地造屋，违章搭建，过去的名宅大院成为了名副其实的大杂院，与城市规划的建设极不协调。

徐州市政府高瞻远瞩，有选择地保留了余、崔、翟、郑、李等几家深宅大院，并于 1998 年拨款对余家大院、翟家大院、郑家大院进行了修复，修复后的院落基本上保持了清末的原状，整个规模、布局和形态与原宅大体相同，成为名副其实的传统民居博物馆，使历史得以延续。2000 年后余家大院与修整后的翟家大院、郑家大院合并成立了"徐州市民俗博物馆"，并对外开放。

功能布局

余家大院由左（西）、中、右（东）三路三进院落，近十个小四合院，百余间房屋组成。整个余家大院以中路院为轴心，左、右平铺展开，根据地势的不同又各有变化。

中路院

入大门进入中路院大过邸，过邸间高5 m，雕栏画柱，很有气派。经过邸入中路院的前院，西为偏房，东为私塾，北拾级而入二过邸；中院西为花房，东为入东院之门，北为整个院落规格最高的会客厅，客厅后有门可通后院；后院以一垂花门隔断，后院北为正房，东西各为偏房，通过东偏房门前幽静小路可通主人的小书楼。

东路院

东路院前院按地势高差分为两部分，较低的南段为一戏园。较高的北段为大花园，俗称东花园。拾级而上为正堂屋，西部紧挨正堂屋为大伙房。东部院的中院较窄，西为通往中院的甬道，东为偏花园，北为二过邸及后院的南屋。后院较为宽敞，东、西、南、北各有房屋，比较宽大。

西路院

西路院结构布局与中路院相仿，但由于地势和地位不同，也有差异，西路院叫嚣，高差也比中院低。入门经过邸，进入前院，由于地势狭小，故前院东部为影壁墙，西部入月亮门进西花厅，北拾级而上进中院；中院高差较大，东西厢房均为隐形楼，北过垂花门进入后院；后院由东西厢房及堂屋构成，为典型的四合院形式。西路院和东路院以一狭长的小道及过邸相连，布置有茶房、仓库、磨房等。

建筑理念

北方合院式布局

受中国传统文化的影响，余家大院属于典型的北方封闭式中轴线对称的合院式布局，根据地势的不同而稍有变化；基本形式为前堂后寝，中轴对称，院落相套，外部有高高的围墙封闭，内部则是层层的院落。与北京四合院不同的是很少出现游廊、影壁等形制，一来是受徐州地区的地域文化的影响，二来是受高低起伏的地势所限制。

依山就势

受所处地势的影响，余家大院的院落布局灵活多变。余家大院位于户部山东南部，整个院落随山势的变化而高低起伏。东路院位于最低处，中路院稍高，西路院地势更高，而且整个院落的中轴线——中路院，从南向北随着院落的递进逐渐升高，也在一定程度上体现了封建的等级思想。

建筑风格

余家大院建筑风格南北兼融，整体布局上为传统的四合院。院落与院落之间巧妙设置天井进行院落的组合，布局灵巧多变；在建筑形态上客厅十分开放，建筑形式轻盈，多以木板代替南向墙体，与南方建筑风格相像，但其它墙体厚实，门窗严密，私密性较强，又有北方建筑的特点。

建筑结构

学术界普遍认为，我国传统建筑可以归结为抬梁、穿斗、井干三种结构体系，此外还有"局部采用斜杠组成三角形稳定构架的做法"。而在户部民居建筑中除少量的建筑使用抬梁和穿斗外，在数量上占绝大多数的民居均使用"金字梁"结构，"金字梁"得名于其屋架部分的轮廓和形式类似于汉字的"金"字，金字梁架的独特之处在于它的梁架形式，受力特点和构造做法完全不同于穿斗和抬梁建筑体系，在传统民居的结构体系中独树一帜。

　　户部山山并不高，多硬石，因在山上建房，必然要开山采石，平整一部分地面，开采出的石头正好用来砌墙，并充分利用了当地石材耐压和防潮的特性，房屋的青石基础都比较高。为了保暖，一般墙体较厚，在墙体的构筑上采用里生外熟的方法，即外墙为青砖砌墙，内用土坯，这种墙体的处理十分罕见，以余家大院作为典型。户部山民居除门窗和楼梯使用木材，其他部分采用砖石。一般匠人由于对石质力学缺乏了解，通常凿石为榫卯，使其构合如木，而多不只其相互间的压力作用。余家大院巧妙地运用了石头压力强而弹力弱的特点，采取下石上砖的营造手法。

封建等级观念

　　传统封建家庭伦理观念在余家大院中有所体现。在余家大院中，中路院在整个院落的中轴线上，是余家的重要单元，中轴线终点的堂屋规格也是最高，理所当然是家长之起居之所。中院之中堂位于整个院落的中心，是家庭商议大事、家长接待贵客之所。因此后院和中堂在整个院落中地位最高，一般人不能入内。主人可入中堂穿石门进后院，而宾客及一般人等要想入后院只能走偏门穿巷道。在这里，偏门、巷道不但有串联全院的使用功能，而且是薄卑之别的具体体现。

儒道互补思想

　　余家大院计分三进三路，前后左右基本对称，虽然根据地势的不同，院落布置也有差异，但整体格局却是传统的四合院，体现出了儒家"序"的思想。此外，余家有东西两处花园，东花园宽敞气派，院内有用于赏景自娱的书楼，西花园置有蝴蝶亭、西花厅等赏景设施，体现了道家出世的理念。

阴阳互动

　　"阴阳之枢纽，人伦之轨模"的思想反映了人类生活模式与伦理关系契合以祈求与自然的和谐。余家大院的总体布局也体现了这方面的思想寓意，某些部分还按照《八卦七政大游年》对吉凶的定位进行布置，对不吉者想法予以"破"。如余家大院大客厅后的内宅西南角因与西院相通开有一门，这是在坎宅的坤位方向，开门被视为不吉，设计者在院内置一"房胆"予以破除。

　　余家大院依山而建，高低错落、曲折盘圆，其建筑风格兼具南北特点，不但具有很高的建筑艺术价值，还具有很高的历史价值和文化内涵。余家大院作为目前户部山历史街区保存最完好的民居院落，是户部山历史街区传递历史信息，反映历史风貌，传承历史文化的重要部分。2002年10月，古民居群被江苏省人民政府列为省级文物保护单位；2006年5月，被国务院列为第六批全国重点文物保护单位。

　　徐州民俗博物馆是一座以陈列、展示徐州民俗文物为主的专题性博物馆，也是苏鲁豫皖接壤地区唯一的民俗博物馆。余家大院目前作为徐州市民俗博物馆的一部分，主要展示近代徐州地区的民俗风情和民间工艺，同时也展示着徐州传统民居的建筑特色风采。

常熟状元坊（翁氏故居）

完整体现明清时期江南名门望族住宅特点的典型代表

名宅地点：江苏省常熟市古城区书院街翁家巷
始建年代：明朝弘治、正德年间
建筑形式：典型江南建筑风格的名门望族住宅
占地面积：6 000m²
建筑面积：3 000 m²

名宅概况

状元坊（翁氏故居）是一所保存比较完善、具有典型江南建筑风格的官僚住宅，翁同龢在这里度过了青少年时期。

历史变迁

状元坊（翁氏故居）是翁同龢之父翁心存购得的一座始建于明朝弘治、正德年间的大宅第。最早曾为当地大族桑氏所建，几经辗转，不仅住过知府等地方官员，还住过古琴家严澂这样的艺术家。不过有趣的是翁同龢并不是出生在这个大宅第里，而是北京其父的寓所里，正是4岁时其母亲和祖母将他带回常熟，才让这座大院成了大清国常熟最重要的宅院，也让这里成了今天常熟最重要的纪念馆之一。

1990年，翁同龢的玄孙美籍华人翁兴庆（万戈）先生将状元坊（翁氏故居）捐献给国家。其中的主体建筑"彩衣堂"于1996年被国务院公布为第四批全国重点文物保护单位。常熟市人民政府曾多次对翁氏故居进行了修缮，并将实施翁氏故居全面修复工程列为2000年实事项目。扩展后的翁同龢纪念馆陈列内容主要有：翁同龢生平事迹；翁同龢文物、书法；翁同龢主要著作及国内外研究翁同龢的论文、信息。同时辅以反映历史原貌的清代红木家具陈设，使参观者有身临其境之感。

翁氏故居
翁同龢紀念館
全国重点文物保护单位
綵衣堂
常熟市文物保护单位
翁心存故居
常熟市人民政府
一九九一年十月立
綿世澤莫如為善
振家聲還是讀書
翁同龢纪念馆参观游览须知

建筑风格与特色

状元坊（翁氏故居）建筑形式丰富多样，布局因地制宜，变化生动，富有情趣，是国内完整体现明清时期江南名门望族住宅特点的典型代表。

故居内主体建筑"彩衣堂"为江南典型的明代建筑，建造至今已有五百多年历史，画梁雕栋，气势闳闳。堂内包袱锦彩绘是江南苏式彩绘的代表作，为海内外罕见之物，是中华民族珍贵的传统文化遗产。因此，"彩衣堂"被国务院公布为第四批全国重点文物保护单位。堂内翁氏祖训"绵世泽莫如为善，振家声还是读书"发人深思。

建筑布局

状元坊（翁氏故居）占地面积 6 000 m²，建筑面积 3 000 m²，在高高的白墙黑瓦陪衬下，有一窄窄的院门，门额题字："翁氏故居"。故居建筑分东、中、西三大部分。中部由大门进入后，沿中轴，依次为门厅、轿厅、彩衣堂、后堂楼和双桂轩等七进。西部有思永堂、晋阳书屋、柏古轩、明厅等建筑及园林胜景。东部是花厅，又称玉兰轩，这里是翁同龢文物陈列室，其后是知止斋。翁氏故居，体现了明、清时期江南名门望族住宅建筑特点。

建筑结构

状元坊（翁氏故居）的主体建筑——彩衣堂为五架梁并轩前后廊九椽屋，面阔三间，硬山顶，面积235 m²，堂内梁柱等处的彩绘具有很高的艺术价值，是苏式彩绘的代表作。

园林景观

状元坊（翁氏故居）东西两部的建筑，朴实无华，间或广植树木、山石小品，清雅静幽。其中以玉兰、古柏、桂树命名的屋、轩，由翁氏题写的轩名、屋名。

在院落中，有两方并立石碑，细读后方知是翁同龢为汤夫人和陆氏妾亲书墓碑。其汤夫人早故，翁氏鳏居，遵汤夫人遗嘱，纳侍婢陆氏为妾。妻妾故去，其亲书墓碑，真是"状元宰相、两朝帝师"，也有亲爱柔肠。让人想起，晚清四大冤案之首——杨乃武小白菜一案，是翁同龢任刑部职时，为平民平反冤案，最显为世人所熟知的帝师风范。

进入状元坊（翁氏故居）的门厅，迎面是"状元第"大匾额显赫入目，匾额上框有二龙夺珠，匾额下框雕有双凤牡丹，边框雕有云山，金光灿烂，制作精美。

彩衣堂为翁氏故居正厅，系明代成化、弘治年间所建，是故居中的精彩之处。画梁雕栋，气势宏伟，结构丰富，具极高的建筑、文化、艺术价值。正中高悬的匾额，由江苏巡抚陈夔题写。"彩衣堂"三字寓《二十四孝》中"彩衣娱亲"之意，亦寓有世代为官、彩衣满堂之说，"彩衣堂"也成了翁府的代称。彩衣堂前，清代砖雕垂花门楼，上方镌有"源远流长"四字，其下刻有"辞亲赴考"与"衣锦还乡"砖雕。精雕细刻，造型生动，古朴精美。

后堂楼，有翁同龢塑像。过后堂楼，入双桂轩，是"翁氏一门书法展馆"。展品中，见翁字真迹，其书风独特，不愧为晚清颇具影响的书法大家。

后二进则是"常熟状元历史陈列馆"，有"进士及第"匾额，状元、会元、解元三座木雕牌坊，"状元石""连中三元石""状元井"分布在院内。

"彩衣堂"的装饰，集雕、塑、绘、刻于一体，极富吉祥含义，是典型的江南名门望族宅第。尤其是在梁、枋之处的包袱锦彩画，是一种非常独特的建筑艺术，堪称江南苏式彩画的上乘之作，一共有116幅，彩画面积约150 m^2，历经500多年仍然保存完好。

綠衣堂

名宅小贴士：

　　翁家为清代常熟八大家之首，名人辈出，父子宰相、父子帝师、叔侄状元、兄弟封疆大吏，翁同和尤为显赫。翁同和（1830～1904年），字声甫，号叔平，晚号瓶庐居士、松禅老人，咸丰六年（1856年）状元。历任翰林院修撰、都察院左都御史、工部、刑部、户部尚书、协办大学士、军机大臣、总理各国事务衙门大臣等职，同治、光绪帝师。翁氏在朝四十多年，参与了中法战争、中日甲午战争、戊戌变法，以及对英、法、德等国的交涉和近代银行开设、铁路修建、新式大学堂兴办等一系列重大事件，在中国近代史上具有重要影响。

苏州环秀山庄

清初著名造园家戈裕良的杰作

名宅地点：江苏省苏州市城中区景德路 262 号
建筑形式：以湖石、假山为主的古典园林
始建年代：晋代
占地面积：2 179 m²
建筑面积：754 m²

名宅概况

　　环秀山庄位于苏州城中景德路 262 号，今苏州刺绣博物馆内，是清初著名造园家戈裕良的杰作，有假山"独步江南"之誉。园景以山为主，池水辅之，建筑不多。园虽小，却极有气势，是汉族传统文化宝库的一朵奇葩，它特色鲜明地折射出中国人的自然观和人生观。

历史变迁

　　环秀山庄建造历史最早可追溯到晋代王珣、王珉兄弟舍宅建景德寺，后成为五代时期吴越王钱镠之子钱元璙的金谷园，宋代为文学家朱长文的药圃，其后屡有兴废。

　　明嘉靖年间先后改为学道书院、督粮道署。万历年间为大学士申时行住宅。明末清初裔孙申继揆筑蘧园。

　　清乾隆年间为刑部员外郎蒋楫宅，蒋氏建有"求自楼"，并于楼后叠石为山，掘地三尺，有清泉流溢汇为池，名泉为"飞雪泉"，并造屋筑亭于其间。其后相继为尚书毕沅宅、大学士孙士毅宅。孙氏后人孙均雅号林泉，于嘉庆十二年邀请叠山名家戈裕良重构此园。戈裕良在半亩之地所叠假山有尺幅千里之势，从此该园以假山名扬天下。

　　道光 29 年（公元 1847 年），汪为仁购建汪氏宗祠，立耕荫义庄，并重修东北部花园，此园成为汪氏宗祠"耕耘山庄"的一部分，更名"环秀山庄"，也称"颐园"。后多毁损，1949 年时，仅存一山、一池、一座"补秋舫"。

　　1984 年 6 月至 1985 年 10 月，由苏州市园林局和刺绣研究所共同出资，进行较大规模的整修。并由苏州园林设计室设计，苏州古典园林建筑公司施工。主要恢复了环秀山庄四面厅、有谷堂、问泉亭、边楼等，建筑面积 754 m²，新砌、整修围墙 200 余米，铺砌地面面积 246 m²，并加固假山，清理水池，补栽树木。

　　1988 年被列为全国重点文物保护单位，1997 年被列为世界文化遗产。现为中国苏绣艺术博物馆馆址所在。

名宅布局与构造

　　环秀山庄面积不大，占地约三亩，主体建筑为四面厅一幢，前堂名"有穀"，后厅的额上书"环秀山庄"四个大字，面积约有一亩有余。

　　环秀山庄是以湖石、假山为主的一处古典园林，假山和房屋面积约占全园四分之三，水面占四分之一，假山、泉池占地不足一亩，池将假山分为主次两个部分。假山主峰突兀于东南，次峰拱揖于西北，池水缭绕于两山之间，其湖石大部分有涡洞，少数有皱纹，杂以小洞，和自然真山接近。主峰高 7.2 m，涧谷约 12 m，山径长 60 余米，盘旋上下，所见皆危岩峭壁，峡谷栈道，石室飞梁，溪涧洞穴，如高路入云，气象万千。

建筑理念

　　环秀山庄占地不大，但其内湖石假山为中国之最。据记载，此山为清代叠山大师戈裕良，虽由人作，有如天开，尽得造化之妙，堪称假山之珍。环秀山庄亦因此而驰名，充分反映了天人合一的汉民族文化特色，表现一种人与自然的和谐统一的宇宙观。

　　环秀山庄园景以山为主，池水辅之，建筑不多。园虽小环秀山庄，却极有气势。有诗云："风景自清嘉，有画舫补秋，奇峰环秀；园林占优胜，看寒泉飞雪，高阁涵云"，将园内景色描绘得淋漓尽致。

景观概况

环秀山庄园景以山为主，以池为辅。环秀山庄本来园内地盘不大，园外无景色可借，造景颇难。但因布局设计巧妙得宜，湖山、池水、树木、建筑，得以融为一体；而于假山一座、池水一湾，更是独出心裁，另辟蹊径，两者配合，佳景层出不穷。望全园，山重水复，峥嵘雄厅；入其环秀山庄境，移步换景，变化万端。

其中，假山和房屋面积约占全园四分之三，水面占四分之一，园西北部为精巧的石壁，北部是临水的"补秋山房"，东北部为"半潭秋水一房山亭"。步移景转。

假山

园中另有一座假山存留至今，为清乾隆时叠山名家戈裕良所建，其主峰突兀于东南，次峰拱揖于西北，池水缭绕于两山之间，使人有在一畴平川之内，忽地一峰突起，耸峙于原野之上的感觉。其湖石大部分有涡洞，少数有皱纹，杂以小洞，和自然真山接近。

主山分前后两部分，其间有幽谷，荫山全用叠石构成，外形峭壁峰峦，内构为洞，后山临池水部分为湖石石壁，与前山之间留有仅 1 m 左右的距离内，构成洞谷，谷高 5 m 左右。主峰高 7.2 m，洞谷约 12 m，山径长 60 余米，盘旋上下，所见皆危岩峭壁，峡谷栈道，石室飞梁，溪涧洞穴，如高路入云，气象万千。

戈氏叠山运用"大斧劈法"，简练遒劲，结构严谨，错落有致，浑若天成。建成后的环秀山庄假山能逼真地模拟自然山水，在一亩左右的有限空间，山体仅占半亩，然而咫尺之间，却构出了谷溪、石梁、悬崖、绝壁、洞室、幽径，建有补秋舫、问泉亭等园林建筑。千岩万壑，环山而视，步移景易。以质朴、自然、幽静的山水，来体现委婉含蓄的诗情，通过合理安排山石、树木、水体，体现深远与层次多变的画意。

飞雪泉

环秀山庄西面是秋山，临池石壁上刻有"飞雪"两个字，也曾经是苏州园林中的一处名泉。环秀山庄在明代曾一度归申时行所有，到清朝乾隆年间，刑部员外郎蒋楫（字济川）购得重修，掘地得泉，水质优美，蒋楫以苏东坡试院煎茶诗中"蒙茸出磨细珠落，眩转绕瓯飞雪轻"的意思题名为"飞雪泉"。

飞雪泉年久淤塞，现存遗址，后人巧用其地作为大假山山涧的源头。山涧中有险巧步石，雨后瀑布奔流而下，进入池中和主山山腹。石壁占地很少，却洞壑涧崖毕备，构筑自成一体，与主山一主一从，一正一副，极富神韵，壁间有蹬道和边楼相通。从楼上循山岩而下，可直抵水边，路径极其险峻，妙的是在岩壁合适的位置上都设有扶手石，安排得恰到好处，自然而又不留痕迹，不能不令人惊叹造园家非凡的匠心。山道尽头临水石矶随水波隐现，富有自然意趣。

　　山庄的东南角有湖石山一区景色，景区临池，湖石规模巨大，造型奇巧，在苏州诸园的湖石造型之中，最为有名。山的构造取法自然，处理细致精巧，在半亩地的面积内，开辟有60多米长的山径，将峡谷、岩洞、曲澄、飞梁、危峰、峭壁等景致巧妙地组合在一起，婉蜒曲折，层层起伏，颇具气势，宛若天工，再加上有一池清水回绕于山峰之下，山水相互辉映，更使山景增色不少。

　　次山在园中的西北角，山石磷峋，与主山相隔一泓池水，互为对景，相互映衬。园中青松翠柏，花木异草，浓荫蔽日，十分恬静。东侧有一座方亭，登亭远眺，"半潭秋水一房山"尽入眼帘，所以亭也因此得名。亭建在岗阜之上，亭下就是补秋舫，面南临水，与池南的书厅遥相对应，其西角隅叠石壁，虽然占地很少，却有洞、壑、涧谷、悬崖等，十分玲珑秀巧。沿廊道前行可赏山玩水，登上边楼可以俯瞰园中全景。

苏州艺圃

明代艺术特色的私家园林建筑

名宅地点：江苏省苏州市
始建年代：明代嘉靖年间
建筑形式：古典私家园林建筑

项目概况

艺圃是一处始建于明代嘉靖年间的古典私家园林建筑，坐落在苏州市西北的金门附近，属于苏州名园之一。艺圃为一颇具明代艺术特色的小型园林，全园布局简练开朗，风格自然质朴，无繁琐堆砌娇捏做作之感，其艺术价值远胜于晚清的园林作品。从山水布局、亭台开间到一石一木的细部处理无不透析出古朴典雅的风格特征，以凝练的手法，勾勒出造园的基本理念。

2006年5月，艺圃作为明代古建筑，被国务院批准列入第六批全国重点文物保护单位名单，也已被联合国教科文组织列入世界文化遗产。

历史变迁

四百多年来历经沧桑，主体风格却无多大变化，开朗简练的叠山理水手法以及"闭塞中求敞""浅显中求深""狭隘中求险"的哲学诉求，至今还强烈地震撼着每一位与之谋面的有缘人。艺圃是经过几代人的营建，才成为著名园林的，它有别于其它苏州园林的一大特点，就是其园主都是讲气节、有学问的名人。

　　艺圃前身是明代袁祖庚所建的醉颖堂。袁祖庚（1519～1590年）字绳之，长洲（今苏州）人。明嘉靖二十七年（1541年）进士，官至浙江按察副使（考核官吏、管理司法的官），四十岁后辞官退隐，在苏州择地建造宅园，并悬匾额"城市山林"，过隐士生活。艺圃的第二任主人是文震孟，万历四十八年（公元1620年）文震孟购得艺圃，他对已经废圮的艺圃略加修葺，改"醉颖堂"名为"药圃"。明亡后，在清初为明崇祯进士姜埰（号敬亭）所有，改称"敬亭山房"，后其子姜实节更名"艺圃"。

　　后来此园又数易其主，但园名仍叫艺圃。道光十九年（公元1839年）绸缎同业立为七襄公所。到了民国初，由于经济问题，园内房屋出租为民宅，艺圃变得支离零落，不堪入目。直到上世纪70年代末，艺圃被列为苏州市古典园林修复规划项目。在修葺时按"修旧如旧"原则，布局、风格与原貌相近。

　　全园占地 3 967 m²，分住宅、花园两部分，宅分五进，布局曲折，厅堂古朴，有世纶堂、东莱草堂。园在宅西，面积 2 830 m²。水池居中，池北以建筑为主，有博雅堂、延光阁等，池南以山景为主，临池处则以湖石叠成绝壁、石径，既有变化又较自然。池水之东有乳鱼亭，是明代遗构。从水榭南望，山水交融，林木葱茏，颇具山林野趣，为园中主要对景。此种池水、石径、绝壁相结合的手法，取法自然而又力求超越自然，是明末清初苏州一带造园家常用的叠山理水方式。

主体建筑——博雅堂

　　全园以水为主体，水面集中，池岸低平，在临水绝壁与水曲幽院的陪衬下显得开朗坦荡，恬淡雅致。艺圃正门有门厅三间。门厅内三曲小弄，通往宅北半部的住宅。由此入园先到博雅堂。此堂面阔五间，中间三间为厅，东西两间辟成套房。堂内梁柱等为明代之物。博雅堂之南为一小院，四面环廊。院南是一座凌驾于水面的水阁：延光阁。

　　旸谷书堂

　　旸谷书堂在延光阁东侧，此名沿用姜氏园时旧名。当时书堂是姜实节讲学的地方，坐东朝西，是以上古神话中日出之处为名。书堂朝南，大部分临池，西北缺一角，有天井，用来采光。书堂南有小方亭：乳鱼亭，为明代原物。亭内梁枋上还有彩绘，也是明代原作。亭名中的"乳"，表示饲养的意思。乳鱼亭南是个水湾，水湾深入山麓乱石中。水湾上有拱形虹桥。站在桥上左右眺望，东岸上倚园墙而筑的小室叫思嗜轩。姜氏时的思嗜轩原来是在园的西南隅，由于姜是山东人，在那里种了几株山东特产的枣树，后其子安节遂在枣树旁筑一小轩，以"思嗜"表示对父亲的怀念。

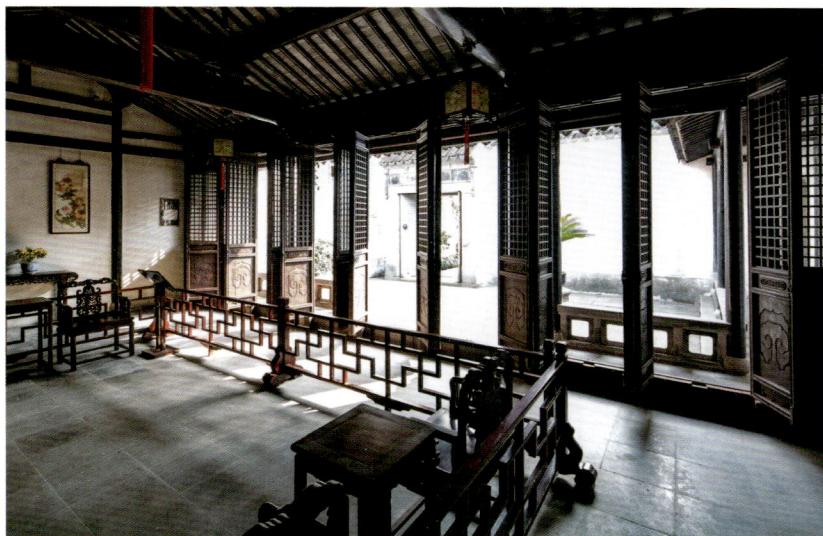

浴鸥池

    在艺圃的西南，有浴鸥池，此池甚小，与大水池成对比。浴鸥池萦回多姿，又被两座精致的小桥分割，显得很有层次。池南有低矮的湖石花坛，上植柿、枫等树，西南角用竹掩去墙壁。小院西为一组"品"字形的建筑群，北为香草居，南为南斋，中间为湖石花坛小庭，有门与小院相通。两厅之西凸出的小室取名鹤柴轩。

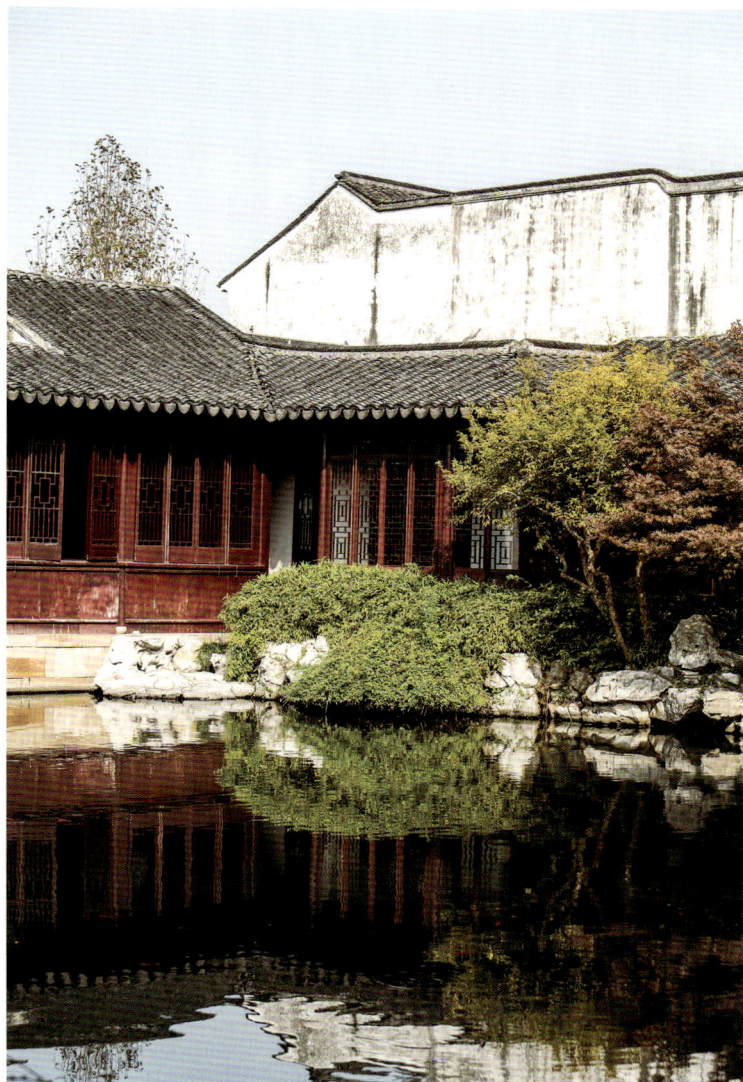

响月廊

这组建筑之北为响月廊，此廊沟通南北景区。响月廊本是姜氏园的西廊。"响"通"向"，"响月"即对月之向往。此廊斜对园东的畅谷书堂。畅谷为日出前隐伏之处，向月则月尚未出，日月相加为"明"。有人认为艺圃当时对东、西两处建筑的命名，寄托着园主人对明皇朝的向往。"响"假借"向"，为掩人耳目。可见苏州园林之文化内涵何等深邃。艺圃的景象不似大中型园林那样迂回曲折，交相对景，而宜于静观，宜于玩味。园中为形成开阔之势，建筑物极少，只在水边点缀"乳鱼亭"，在山林中掩置一六角亭，而将南部的主景区充分展现。水面的布置以聚为主，极为简洁，仅在东甫和西南角各伸出一水湾，并在水湾处各架石桥贴水而过，形成辽阔的主水面和曲折幽深的次水面。石板桥不设栏杆，低平而贴水。极富自然之趣，与池边的山石有机结合，似浑然天成。

山林景区

池南的山林景区为园内各观赏点的视觉中心，似一横轴山水画卷展现在人们面前，与中部水景区形成了一幽一畅、一密一疏、一高耸一低平的对比关系。从水池两侧可分别通过石板桥而进入山林区，数条登山石径或沿危石盘折而上，或入怪洞隐遁而去。渐入山林，可见山石磷岈，高林蔽目，蝉噪鸟鸣，愈见林深山幽；涧水深深潜流而出，两岸绝壁夹峙，形成深邃的峡谷；危径、池水、绝壁三者互为衬托，通过艺术处理，再现自然山水的精华。这座山林是苏州园林中不可多得的佳作，虽在叠石手法上略显不足，稍嫌琐碎，但在整体山林的处理上，特别在与树木的结合上具有很高的艺术价值。山上的六角亭置于主山峰之后，通过树林隐约露出亭顶，加深了空间距离感，反衬出前景的高耸。西南角的两个小庭园非常简洁与古朴。重复运用的圆门加强了层次感。而庭园内水池与石桥的处理别具匠心，为园林中较为少见的处理手法，特别是石桥的处理，不设石栏，以粗糙的石条横卧而成，别具天然情趣。

扬州寄啸山庄

晚清第一园

名宅地点：江苏省扬州市
始建年代：清代光绪年间
建筑形式：扬州住宅园林

项目概况

寄啸山庄即扬州何园，位于扬州城东南徐凝门街 66 号，系清代光绪年间，何芷舠（音同刀）的宅园，习称"何园"。何园原址，为乾隆年间古园，名双槐园。何园被誉为"晚清第一园"，其中，片石山房系石涛大师叠山作品，堪称人间孤本。寄啸山庄虽构筑于平地，通过嶙峋的山石，盘山的磴阶，置建筑群于山麓陂泽，仍使人仿佛置身于山环水抱和山、水、奇石相望的幽险境界，有城市山林气氛，故取名"山庄"。

历史变迁

曾在何园寓居过的名人有：著名国画大师黄宾虹，他六次来扬州，寓居在骑马楼东一楼；著名作家朱千华先生，曾寓居何园五年多，其旧居在骑马楼东二楼。

规划布局

　　山庄分三部分，东部以船厅为主景，厅的四周，以瓦石铺装，纹似水波粼粼。中部凿有鱼池，楼阁环绕，西南主楼支出两翼，称"蝴蝶厅"；池北架有石梁与水心亭相通，是游人留连处。水心亭枕流环楼，兼作戏台，水面和建筑的回音，大大增加了演出的音响效果。四周回楼可作观众席，这是园林艺术的佳例。西南部池中拔起湖石山一座，峰峦陡峭，同中部开豁空间恰成对比。

园林特色

何园虽是平地起筑，但却独具特色。通过嶙峋的山石、磅礴连绵的贴壁假山，把建筑群置于山麓池边，并因地势高低而点缀厅楼、山亭，错落有致，蜿蜒逶迤，山水建筑浑然一体，有城市山林之誉，是扬州住宅园林的典型。园中的植物配置也独具匠心。半月台旁的梅花、桂花、白皮松，北山麓的牡丹、芍药，南山的红枫，庭前的梧桐、古槐，建筑旁的芭蕉等等，既有一年四季之布局，又有一日之中早晚的变化，极尽人工雕琢之美。

玉绣楼

　　玉绣楼主体建筑是前后两座砖木结构两层楼，采用中国传统式的串楼理念，四周以廊道连接成一体环形院落，从任何一个门出入，都可以沿着走廊转一个圈子回到原处。楼的上下连两层为一字排开的房间，每排两套，以三门为一套，每套各为左右两间，中门为楼梯间，每间又采用推拉门隔断的形式构成套间，这种房屋布局和户型结构，似不同程度的吸收了西洋建筑的某些表现手法，而与中国住宅中的厅厢结构迥异。主人居住的玉绣楼，是两栋前后并列的住宅楼的统称，玉绣之名，来自庭院中栽种的广玉兰和绣球树。

与归堂

　　与归堂是何园的主堂正厅，也是园主人对外交往的正式场所。"与归"二字，典出范仲淹《岳阳楼记》"微斯人，吾谁与归"，体现的是何园主人要以先辈隐者为范、以归隐之举为荣，欣然加入归隐行列，不与腐败官场同流合污的思想意愿和价值取向。与归堂也是目前扬州面积最大、保存最完好的楠木大厅，它在中国传统厅堂构造的形式上融入了西方建筑理念和表现手法，高大庄重的梁柱构架，配上四围通透装饰华丽的玻璃墙面，一扫中式厅堂的封闭、古板和沉闷，洋溢着开放、敞亮和明快的气息。

复道回廊

　　回廊，就是扬州人俗称的"串楼"，分上下两层，随地势而曲直，形成一个将这个住宅院落串联起来的立体通道；这"复道"呢，就是在双面回廊的中间再夹一道墙，形成内外廊，这就起到了多方位连接沟通以及道路分流的作用。廊道在园林中本就是最富可塑性、最灵活的建筑形式，在何园，这种建筑的功能和魅力被发挥到了登峰造极之境。复道回廊长约1 500多米，复道行空、回廊曲折，既四通八达又能挡风遮雨。

园林美誉

　　何园蕴藏着中国造园艺术的四个"天下第一"，分别是：享受"天下第一廊"美誉的1500m复道回廊，构成园林建筑四通八达之利与回环变化之美，在中国园林中绝无仅有；石山房的"天下第一山"，是画坛巨匠石涛和尚"人间孤本"的叠石之作，在这可以看到著名的"水中月"；借助一串串开在复道回廊上的漏窗、空窗组成的花窗带，被人们称为"天下第一窗"；以及何园西园中的水心亭是中国仅有的中水戏台，被称为"天下第一亭"。

何园既是百花园，又人才辈出。一座何园成就了祖孙翰林（何俊、何声灏）、兄弟博士（何世桢、何世枚）、姐弟院士（王承书、何祚庥）、特级教师（何祚娴）等。何园还是重要的影视剧拍摄基地，《青青河边草》、《红楼梦》、《还珠格格》续集等近百部影视剧在此取景。媒体的传播、渲染，让观众感知了扬州商文化的别样魅力。